智能制造视域下
高职模具专业人才培养研究

周兰菊
蔡玉俊◎著

光明日报出版社

图书在版编目（CIP）数据

智能制造视域下高职模具专业人才培养研究 / 周兰菊，
蔡玉俊著 . -- 北京：光明日报出版社，2018.10
ISBN 978 - 7 - 5194 - 4743 - 4

Ⅰ.①智… Ⅱ.①周…②蔡… Ⅲ.①高等职业教育
—模具—智能制造系统—人才培养—研究—中国 Ⅳ.①TG76

中国版本图书馆 CIP 数据核字（2018）第 245411 号

智能制造视域下高职模具专业人才培养研究

**ZHINENG ZHIZAO SHIYUXIA GAOZHI MOJU ZHUANYE RENCAI
PEIYANG YANJIU**

著　　者：周兰菊　蔡玉俊

责任编辑：宋　悦　　　　　　　　责任校对：赵鸣鸣
封面设计：中联学林　　　　　　　责任印制：曹　净

出版发行：光明日报出版社
地　　址：北京市西城区永安路 106 号，100050
电　　话：010 - 63131930（邮购）
传　　真：010 - 67078227，67078255
网　　址：http：//book. gmw. cn
E - mail：songyue@ gmw. cn
法律顾问：北京德恒律师事务所龚柳方律师

印　　刷：三河市华东印刷有限公司
装　　订：三河市华东印刷有限公司
本书如有破损、缺页、装订错误，请与本社联系调换　电话：010 - 67019571

开　　本：170mm×240mm
字　　数：253 千字　　　　　　　印　　张：15.5
版　　次：2019 年 1 月第 1 版　　　印　　次：2019 年 1 月第 1 次印刷
书　　号：ISBN 978 - 7 - 5194 - 4743 - 4

定　　价：58.00 元

前　言

　　当前，全球制造业以智能制造为核心开启了第四次工业革命，这是一场颠覆性的工业革命。信息化、物联网、人工智能、3D 打印、大数据分析、协同制造等技术在模具制造企业的应用，使模具制造业生产业态发生巨大变化，这种变化引发高职模具专业就业岗位、职业能力和知识体系随之发生改变。本书基于智能制造从应用的视角出发，对高职模具专业人才培养展开研究。主要研究成果如下：

　　一是较系统地分析了智能制造对模具制造业和高职模具专业就业岗位的影响。智能制造对模具制造业的影响主要体现在企业功能、生产环节、生产模式、生产驱动力、生产方式、生产技术等方面。高职模具专业就业岗位的变化主要包括从生产制造岗位向生产服务岗位转变、从单一工种岗位向复合能动岗位转变、从技能型岗位向知识技能型岗位转变、从个体独立岗位向团队合作转变、从相对固定岗位向流动岗位转变等。通过企业生产组织模式的变化和工作岗位变化趋势，研究高职模具专业知识的变化、职业能力的变化、师资队伍建设和实训环境建设的新要求，为教育供给侧改革提供科学依据。

　　二是构建了智能制造视域下高职模具专业人才的职业能力。以胜任力理论和新职业主义思潮理论为基础，从"生产前、生产中、生产后"三个维度研究模具智能制造企业的工作任务，并以此为基础，参照国家相关文件和《悉尼协议》国际能力要求编制调查问卷，利用德尔菲法初步确定了高职模具专业职业能力的构成要素，利用多维尺度分析法对筛选后的要素从专业能力、方法能力和社会能力方面进行聚类分析，初步构成了职业能力的三级能力指标体系，然后通过调查问卷对指标体系进行有效性、合理性研究，最终确定了含有三级能力指标的职业能力。

三是设计了基于智能制造的高职模具专业课程体系和核心课程。以产教融合为背景，职业能力为主线，典型工作任务为载体，借鉴现代课程理论，从课程目标、课程内容、课程组织三方面构建了高职模具专业课程体系和核心课程，并将课程体系构建成7个课程群。课程群按照职业技能与工匠精神融合、理论与实践融合、职业迁移能力与智能制造技术融合、虚拟与现实融合的"四融合"方式实施。

四是搭建了生产环境与教学环境相融合的技术应用中心，并组建了跨专业的师资队伍。根据智能制造视域下高职模具专业职业能力培养要求，在校内搭建了生产环境与教学环境相融合的技术应用中心，开发了相关实训项目；基于产教融合，与企业共同建立"团队融合、环境融合、项目融合、管理融合"的校外实训基地，使校内无法培养的职业能力在校外得以培养。跨专业师资队伍经历从简单的"物理组合"、到良性的"化学反应"，再到有效的"基因融合"，使师资队伍建设顺应社会发展需求，促进高职模具专业健康、持续发展。

智能制造视域下高职模具专业人才培养的研究，从企业生产模式变化、工作岗位变化、知识变化、职业能力变化等多个视角，在职业能力分析的基础上，对职业能力指标体系、课程体系、师资队伍、实训环境等方面进行了较充分地研究。目前，智能制造已成为制造业未来的必然走向，为适应新形势，一些发达地区也在对职模具专业的人才培养开展积极有益的探索，但所做的努力仍是初步的。由于受现实的局限，本研究是基于国内外现有智能制造研究成果所做的一项研究，本书的研究成果必将对我国高职模具专业人才培养转型提供一些启示和参考。

目 录
CONTENTS

第一章

绪　论

制造业作为国民经济、国计民生和国家安全的重要基石，正面临全球新技术革命和产业变革的挑战，世界各国纷纷提出各自的发展战略。《中国制造2025》的提出使我国的智能制造成为大势所趋，但智能制造在模具行业的发展既受企业原有生产水平的限制，也受人才供给侧的制约。在智能制造视域下，本书选取高职模具专业作为研究对象，以期对模具智能制造企业所需人才的培养有所触碰，为高职模具专业改革提供一定的参考。本章在分析研究背景、国内外相关研究现状、概念界定的基础上，提出本书的研究内容、研究方法和研究思路，为后面章节的研究奠定基础。

1.1　研究背景及意义

1.1.1　研究背景

随着科学技术的迅速发展，"互联网＋人工智能＋大数据＋"呈现出革命性的突破，全球正面临新技术和产业革命的挑战。新一代智能制造技术正引发制造模式、制造手段和制造生态的重大变革。以用户为中心的互联化、服务化、协同化、个性化、柔性化和社会化的智能产品生产与服务形成新的智能制造模式。借助新兴制造科学技术、信息科学技术、智能科学技术及制造应用领域技术等的深度融合，形成数字化、网络化、智能化技术手段，这些技术手段促进制造业在定制化、协同化和智能化等方面形成人机物融合的智能加工体系。互联网的广泛应用，知识与数据资源的开放共享，使跨界融合成为万众创新的新制造业生态圈。为此，世界各国纷纷制定国家制造计划。2011年6月，美国智能制造领导联盟和美国国家制造科学中心协同打造国家智能制造生态系统；2012年，法国提出了"数字法国2012计划"；2013年4月，德国提出"工业4.0"；2013年10月，英国提出"高价值制造"战略；2014年日本启动了"新产业创造战略"。

2015年，我国提出"中国制造2025"国家战略，这是我国实施制造强国战略的第一个十年行动纲领和未来三十年建设制造强国的宏伟蓝图，"十年磨一剑"，第一个十年到2025年，我国制造业迈入制造强国行列；第二个十年到2035年，我国制造业整体达到世界制造强国阵营中等水平；第三个十年到2045年，我国制造业综合实力进入世界制造强国前列。"中国制造2025"以智能制造为主要特征，其实现的核心是数字化、网络化和智能化。"中国制造2025"的制定关系到我国在新一轮产业革命中的地位，也关系到中华民族伟大梦想的实现和制造业发展的新动态。《中国制造2025》把"创新驱动、质量为先、绿色发展、结构优化、人才为本"作为基本方针，把"人才强国"作为制造强国的根本，加快培养智能制造业发展急需的专业技术人才、技能人才、经营管理人才，建设一支素质优良、结构合理的制造业人才队伍，变"人口红利"为"人才红利"，走人才引领的发展道路。

图1-1 中国智能制造宏伟蓝图

世界发达国家是在工业3.0的基础上迈向工业4.0，而我国制造业中还有相当一部分企业停留在工业2.0、3.0阶段，只有少部分企业能赶上工业4.0。因此，《中国制造2025》必须处理好工业2.0普及、3.0补课、4.0赶超的关系，以推广智能制造为切入点，兼顾不同层次企业发展，推动制造业向数字化、网络化、智能化方向发展。随着《中国制造2025》逐渐落地，智能机器人、物联网、云计算、工业大数据等不断涌入各个工厂，企业面临产业升级和技术调整，但这次调整不是简单的生产线改造和职业岗位的转移，而是将制造的整个生命周期与最先进的信息技术、数字化制造技术和互联网融合在一起，形成新的智能制造生产模式。2016年5月，《中国制造企业智能制造现状报告》调查指出：在未来一年有85%的企业考虑引入智能制造设备，其中有37%的企业将引进工业机器人，23%的企业投入数字化生产监控系统，10%的企业将增加智能加工机床，9%的企业将3D打印技术引入生产中。我国在2016年发布的《智能制造发展规划（2016—2020）》中提出要积极打造智能制造人才队伍。"大业欲成，人才为重"，目前的人才供给不能满足智能制造的需求，人才短缺成为制约智能制造发展的瓶颈。因此，培养智能制造时代的人才变得十分重要。

在现代工业生产中，我国有60%~90%的产品依赖模具加工，模具被称为"工业之母"。日本把模具称为"进入富裕社会的原动力"，德国把模具称为"金属加工业中的帝王"。我国模具工业产值约占全球的1/3，为国内的GDP和全球模具行业的发展做出了突出贡献。目前，我国模具制造业约有3万家，85%属于中小企业，有些模具企业还处于工业2.0、3.0的水平，这些企业更需要模具智能制造技术人才的支撑。随着工业机器人在生产中的应用，"机器人换人"的背后并非简单的"换人"，而是意味着智能制造柔性生产线即将涌现，工作岗位所要求的技术含量越来越高。随着《中国制造2025》的进一步实施，新一代信息技术与模具制造业的融合带动了整个模具业向上发展，模具企业通过对传统生产设备、生产工艺等进行技术改造，提高了模具产品的质量与品牌影响力，使模具智能制造技术发展明显加快。未来20年是中国制造业实现由大到强的关键时期，智能制造已成制造业的大势所趋。通过图1-2所示的制造微笑曲线可以看出，组装、零部件生产和销售在智能制造中处于微笑曲线的低端和中端，产品附加值较低，而我国的模具制造业多以制造加工为主，因此，产品利润低，要想提高模具产品的利润，模具制造业应向微笑曲线的两端发展，即加强左边的模具研发设计和右边的模具售后服务。由此可见，加大培养技术过硬、素质优良、具备工匠精神的研发设计人员与售后服务人员是今后高校模具专业人才培养的重点。

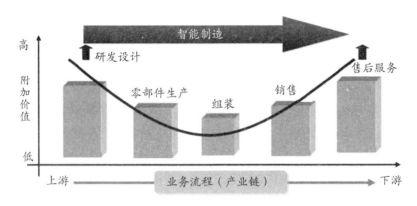

图1-2　微笑曲线

高职教育作为我国职业教育的一个重要分支，在"中国制造"向"中国智造"的转型升级中，在为社会培养大量的高素质技术技能型现代职业人方面有着其他教育无法比拟的优势。截至2017年，我国高职共有1388所，有近三分之一的院校开办模具设计与制造（或与模具有关）专业。随着智能制造技术在模具企业的逐渐深入以及物联网、数字化制造、数据分析、人工智能等技术的应用，高职原有的人才培养已不能适应技术的发展，必须构建新的人才培养方案，以应对模具智能制造对人才的新要求。

作为一名高职模具专业带头人，在二十年的教学生涯中，主持了省部级重点课题"高职院校复合型模具应用人才培养模式研究"和"高职院校实训基地建设的研究与探索"，以及天津电子信息职业技术学院模具专业（3D打印方向）申报等工作，无论是教学还是科研均使我深刻体会到高职模具专业人才培养必须与模具企业技术发展紧密联系。智能制造作为颠覆性的工业革命对模具制造业的影响是巨大的，这些影响必将使高职模具专业毕业生的就业岗位发生变化，可能导致有些岗位消失，同时又会出现新的岗位，这些新岗位对高职生的知识体系和职业能力会有哪些与以往不同的要求？高职院校现有的师资队伍和实训环境如何满足智能制造视域下高职模具专业人才培养的需求？为了厘清这些问题，我前往国内多家顶尖模具智能制造企业进行调研。调研发现：智能制造使模具制造业的生产业态以及高职模具专业的就业岗位、职业能力、知识体系均发生变化。现有的高职模具专业人才培养已不能适应智能制造对人才的需求，必须构建新的人才培养体系。

1.1.2 研究意义

当前，模具智能制造的快速发展急需相应人才的支撑。高职模具专业作为为模具企业输送人才的重要入口，其人才培养质量受到企业的关注。而人才培养涉及的问题非常多，可谓纷繁复杂，本书可能无法解决所有问题，只能对一些关键问题进行研究，如构建智能制造视域下的职业能力、课程体系、师资队伍建设和实践环境建设等。本研究试图对我国高职模具专业人才培养转型提供一些启示和参考，其意义主要体现在以下三个方面：

1. 对智能制造视域下高职模具专业人才培养理论研究具有重要意义

本书系统分析了智能制造对模具行业的影响，主要从企业生产模式变化、就业岗位变化、职业能力变化、知识体系变化等多个视角对高职模具专业的影响进行分析；从"生产前、生产中、生产后"三个领域研究模具智能制造企业的工作任务，并在此基础上，利用德尔菲法、多维尺度分析法、调查问卷等多种方法构建高职模具专业职业能力。借鉴现代课程理论，以职业能力为主线，以典型工作任务为载体，构建高职模具专业核心课程及课程体系，按照课程群组建的基本原则，将课程体系组建成 7 个课程群。这些研究成果丰富和发展了高职模具专业人才培养的相关理论，具有重要的意义。

2. 对促进我国高职模具专业人才培养转型具有重要的参考价值

目前，智能制造已成为制造业的大势所趋，模具制造业转型期急需大量高素质技术技能型人才，而高职模具专业现有的人才培养水平已不能满足智能制造对岗位职业能力的需求，虽然在一些发达地区，高职院校模具专业也在对人才培养开展积极有益的探索，但所做的努力仍是初步的。通过到国内多家顶尖模具智能制造企业实地调研，了解了高职模具专业就业岗位、职业能力、知识体系的变化。本书把通过模具智能制造企业外部需求的变化引发高职模具专业人才培养的变革作为研究路径，对促进我国高职模具专业人才培养转型具有重要的参考价值。

3. 对推动师资队伍建设和实训环境建设具有重要的现实意义

智能制造是一场颠覆性的工业革命，其生产模式与以往不同，网络化、数字化和智能化贯穿整个生产过程，智能制造使高职模具专业的职业能力和课程体系发生巨大变化，因此，对师资队伍和实训环境提出新的建设要求。本书的研究对推动师资队伍建设和实践环境建设具有重要的现实意义。

1.2　研究综述

2015 年 5 月李克强总理在政府工作报告中提出《中国制造 2025》，这一制造强国战略开启了从"中国制造"向"中国智造"的转型。《中国制造 2025》提出了"创新驱动和人才为本"的基本方针，此举掀起了教育界人士对"智能制造和职业教育领域人才培养"的深度思考，高职如何培养智能制造时代的人才成为当代新的研究课题。

1.2.1　智能制造的相关研究

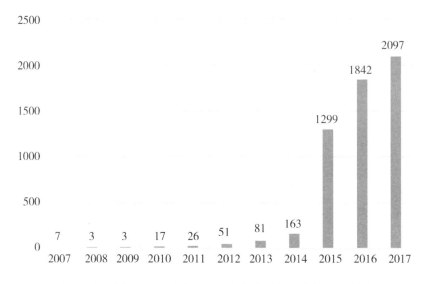

图 1 - 3　中国知网以"智能制造"为关键词的文献搜索情况

通过中国知网以"智能制造"为关键词进行搜索，结果显示，从 2007 年至 2017 年相关文献共计 5589 篇，其数量的增长自 2015 年后呈现井喷趋势，2017 年达到 2097 篇，这与我国于 2015 年提出发展智能制造国家战略是密不可分的。对智能制造进行研究的文献主要集中于智能制造技术、智能制造装备、智能制造技术应用等领域。

1. 智能制造发展趋势

智能制造是伴随人工智能和信息技术的发展而逐渐发展的。20 世纪 80 年代，传统的制造技术已不能有效解决现代制造问题，于是，人们将计算机技术、人工智能、自动生产技术与先进制造技术等有机集成，发展成新型的制造技术。

美国在 20 世纪 90 年代就开始了对智能制造的研究，其中包括智能决策、协同设计、生产自动化传输和工业机器人的研究，智能制造在发达国家的关注与研究推动制造业向更高水平发展。我国对智能制造的相关研究始于 1994 年，由华中理工大学、清华大学、西安交通大学、南京航空航天大学联合开展了对智能制造基础理论、智能加工技术和智能机器的研究。在 21 世纪，物联网、大数据、云计算等信息技术的快速发展推动了制造业向智能化转型。日本于 2000 年用 MES 取代原有的 ERP 生产管理系统，SeungWoo Lee 等开发了 MES 数据采集与人机交互模块，使生产流程得到优化。德国于 2013 年提出"工业 4.0"战略，实施基于信息物理系统 CPS（Cyber Physics System）的智能生产，大力发展智能制造。智能柔性生产线通过优化的程序控制，自动调整生产任务，调配生产资源和物流，使性能指标达到最优。我国于 2015 年提出"中国制造 2025"，以智能制造为核心，重点发展智能制造技术与智能制造装备，意在降低制造业劳动力成本、优化生产环境、提升产品质量与经济效益、加速新兴产业发展等。

综上可以看出，智能制造已成为世界制造业发展的主流趋势，我国发展智能制造既是制造业发展的必然选择，也是由制造大国向世界强国转型的重要推动力。目前，我国的智能制造水平与发达国家相比还有很大的差距，如美国、德国和日本等国，他们是在具备先进生产模式、自动加工技术、信息化管理等良好基础上推进智能制造的，而我国有些企业是在 2.0、3.0 的基础上发展智能制造。虽然于 2015 年提出在五大工程十大领域大力发展智能制造，但我国目前严重缺乏高端复合型智能制造人才，现有人才储备难以满足传统制造业向智能化制造业的转型升级，特别是受过系统培训的高端技术研发人员、高端技术应用人员和生产服务型人员的短缺，已成为制约我国智能制造发展的瓶颈。当前，我国高职教育已占据普通高等教育的"半壁江山"，高职毕业生成为支撑中小企业发展的生力军。由此可以看出，高职院校担负着中小企业向智能制造转型所需人才的培养重任。

2. 智能制造技术

智能制造技术作为智能制造的基础已成为国内外制造领域的研究热点之一，研究领域主要包括人工智能技术、互联网技术、数字制造技术、传感技术、射频技术、3D 打印技术、新一代信息技术、精密检测与质量分析技术、数据采集与处理技术等。

人工智能技术作为智能制造的核心技术，在生产过程中模拟人类的思维，代替人类从事脑力劳动，解决人类无法解决的问题。人工智能技术在智能加工、智能机器人、智能识别、智能调度、智能测量、人机协作等方面的应用，使产品的生产效率与质量得到很大的提升。智能制造只有借助互联网技术才能实现精准控制，网络化生产正在引领制造模式向智能化方向发展。基于产品全生命周期的管理、设计、生产与服务集成的网络化生产体系，可使生产效率提升，节省工厂资源。基于模型的数字化制造成为智能制造的重要支撑技术，设计数字化、加工数字化、管理数字化、服务咨询数字化等构成数字化制造的重要技术，这些技术能显著缩短产品生产周期。传感技术是自动检测和信息转换的重要技术基础，现代化的加工设备几乎都离不开传感技术，它成为影响高精度、集成化和智能化生产的重要因素之一，工业机器人通过增加传感器增强了自我判断能力。射频技术作为自动识别技术被称为是 21 世纪最有发展前途的信息技术之一，它在智能制造领域的应用，使生产数据的自动化采集、柔性生产线在制品的可视化管理、生产物料配送的及时性和准确性上发挥了巨大优势，对生产车间的异常事件进行自动反馈，提高了生产过程的可控性。3D 打印技术作为 21 世纪的新兴技术，已在多个领域得到个性化的应用，美国麻省理工大学已使用 3D 打印技术打印出重量极轻、硬度和强度极高的超材料。新一代信息技术是传统制造向智能制造转化的基础，物联网、大数据、云计算等新一代信息技术是制造业实现智能制造的动力引擎。生产过程中广泛存在的互联互通、虚拟制造、数据挖掘等都离不开新一代信息技术的支撑，它使制造企业在向智能制造转型的过程中有可能呈现跳跃式升级。精密检测与质量分析技术已成为智能制造中不可或缺的一部分，它为准确掌握质量动态、分析产品质量变化趋势、提高产品合格率等提供了技术保障。智能制造企业不但需要对加工设备的运行情况进行监控，还需要对在线产品的生产数据进行采集、分析，然后对生成的生产数据报表或图形进行评测，以优化设备利用率、提高产品质量，数据采集与处理技术在提高智能制造企业生产力方面占据非常重要的地位。

此外，随着人们对产品个性化定制的需求，智能制造生产模式更好地满足了这种需求。面向服务的网络化云制造，是一种按需供应、动态分配制造资源的新模式，网络化协同制造、众包众筹设计、个性化定制、增值运维服务等制造模式的创新，形成了可为用户提供最佳服务体验、信息实时共享、智能产品远程运维等生产模式。生产与服务协同制造的新模式重塑了产品价值链和产业价值链，跨行业及领域的协同促进了社会化大生产。

综上，诸多学者从多个领域对智能制造技术从理论层面进行了探讨，但对如何去培养掌握这些技术的人的研究较少。另外，从智能制造所涵盖的技术可以看出，它包括机械制造、自动控制、信息技术等跨学科的知识，现有的研究较为分散，鲜有人将这些技术人才的培养纳入一个系统的、综合的知识体系中进行研究。高职教育处于传统制造向智能制造转的型期，现有专业是基于传统产业设置的，课程体系很多只是涉及某一单一专业知识，因此，各专业进行跨学科知识融合是课程改革的必然趋势。面对智能制造改革的浪潮，石伟平教授认为，高职教育改革需提速，否则会落伍于智能制造产业发展需求。

3. 智能制造装备

我国在《中国制造2025》和《"十三五"国家战略性新兴产业发展规划》（2016）中均明确指出，高端装备制造是我国未来的重点发展方向之一。智能制造装备一方面使生产柔性不断提高，另一方面使机械产品的生产效率和产品质量大幅提升。我国的智能制造装备产业已初步形成，智能制造的关键技术，如感知技术、机器人技术、信息处理技术等的研究在智能装备领域已取得一些成效，高端数控机床、增材制造（3D打印）、工业机器人等智能装备的发展奠定了智能制造发展的基础，未来智能装备将向精密化、自动化、信息化、柔性化、图形化、智能化、可视化、多媒体化、集成化和网络化的方向发展，智能装备将成为我国推进智能制造迈向"高精尖"最主要的力量。智能装备的应用可实现生产线的自动识别混合生产、远程遥控、设备故障智能诊断等功能。李志强等认为传统的自动加工设备是延伸了人的体力能力，而智能加工设备是将先进的加工技术、知识、工艺等融入设备中，利用网络实现实时通信，自动感知生产状态，对其生产过程进行有效控制，延展人的智能处理能力。

综上，基于信息物理系统的智能装备正在引领制造方式的变革，3D 打印、工业机器人、多轴数控加工设备等推动制造业生产方式向智能制造方向发展。尤其是工业机器人使智能制造生产线上简单重复性、技术含量低、机械操作的就业岗位减少，智能生产线上技术技能人员不仅要了解设备本身，还要懂得生产工艺流程、生产物流、程序控制等。目前，一些高端智能装备的使用仍然受制于知识与技能全面发展的人才。因此，高职院校为智能制造企业培养高素质技术技能型人才的任务非常艰巨，但高职院校现有的实训设备对培养模具智能制造企业所需的人才来说，要达到足够的数量还有一定的难度。

4. 智能制造技术在模具行业的应用

智能制造技术在各行各业的不断深化加速了模具制造业的快速转型。

制造执行系统 MES（Manufacturing Execution System）使模具自动化生产中的生产决策和处理得到快速响应，以工业机器人为核心的生产设备能及时调整生产能力，可实现模具零件在设备上自动装夹、加工与检测，包括自动检测编程、电火花编程、电极全生命周期管理、CMM 检测管理、CNC 加工管理、电火花加工管理、线切割加工管理等，生产过程减少了人为的干预。物联网技术促进了模具制造业分布式生产制造和网络化产业组织的形成，使产业组织形态发生重大变化，模具企业利用物联网技术可实现远程监控与技术诊断，及时跟踪用户操作，针对用户使用过程中出现的问题提供优化解决方案并提出预防性和维护维修措施。

虚拟制造流程不仅使模具产品性能更可靠，而且使生产成本降低，可合理编排生产计划与生产进度。通过虚拟仿真可对原有设计进行结构优化、加工工艺分析、装配模拟、性能验证、成本评估等，减少开发产品的次数，降低生产成本和能源消耗。计算机辅助设计 CAD（Computer Aided Design）、计算机辅助制造 CAM（Computer Aided Manufacturing）、计算机辅助工艺设计 CAPP（Computer Aided Process Planning）等智能软件缩短了模具产品开发周期，以快速响应市场变化。模块化设计可根据用户需求进行参数重组，快速进行模块变形或装配，形成不同的组合，减少重复设计的工作量，大大提高了生产效率。协同创新技术加速模具制造业从单打独斗向产业协同转变，促进模具产业整体竞争力的提升。企业间协同设计、众包设计、供应链协同合作等形式可以打破原有的固化生产体系，打通企业间的壁垒，打破地域限制，提高企业生产效率。自动识别技术依靠新型传感技术对微弱传感信号的提取与处理，对生产过程进行监控与数据采集。生产员工可利用移动通信设备监控设备运行及整个生产过程。中国模具产业利用物联网技术设立了云制造平台，对接入云端平台的用户提供资源信息，包括视频、文字、图像等内容，可为高级权限用户实现远程制造，云端平台同时提供公共知识服务，如模具专业标准、相关文献、模具专利等，以利于资源共享，方便用户进行知识资源交流。

综上，信息技术、物联网技术、协同创新技术、模块化设计、自动识别技术等新技术不断被投入到模具制造业中，使模具制造业的生产模式发生变化，这种变化代表模具制造业未来的发展方向，也说明新技术在模具企业转型及产品结构调整中起到的作用越来越重要。然而，这些新技术知识在现有的高职模具专业课程体系中并没有被纳入，学科交叉、技术融合、互联网思维、创新平台搭建等形式将成为未来模具专业建设的主流趋势。

1.2.2　职业教育人才培养的相关研究

1. 发达国家职业教育的人才培养方式

（1）德国的"双元制"。德国的"双元制"职业教育以职业能力为目标，以职业需求为专业建设的依据，以工作过程为课程开发的主线，以行动过程为教学实施的原则，以职业资格为考核的准绳，其核心是将学校的理论教学与企业的实践相结合，突出职业能力的培养，工读交替使学生既能学到扎实的理论知识，又能在企业生产中提高知识的应用能力，因此，可以培养出既有理论知识又有专业技能的高素质人才。德国职业教育的教育思想在于培养的人才不仅要有适应技术发展的能力，更重要的是要有能力参与对社会、经济和环境的改造。

（2）英国的"能力本位"。英国的"能力本位"根据学员实际的操作能力来颁发职业资格证书，与学习长短无关，国家职业资格（NVQ）在国家统一体系内，学员可通过任何形式的学习获得，学习途径是开放的，NVQ的获得取决于能力水平而非获取方式。英国的职业教育形成以能力目标为核心的教育理念，课程考核时采用多种形式测试学生的应用能力，主要通过核心能力课程和国家职业资格课程来实施，并在全国范围内推行、监督和评价课程的具体实施情况。

（3）澳大利亚的 TAFE 学院。澳大利亚 TAFE 学院的职业教育把国家能力标准作为对学生进行培训的依据，不同层次的能力本位课程与不同级别的资格证书挂钩，职业教育与就业市场、企业紧密结合，根据企业需求和就业市场变化确定学生应具有的素质和技能。澳大利亚 TAFE 学院的课程开发是影响学校招生、学生就业的重要因素之一，课程开发依据行业能力标准和社会不同行业需求而进行，课程体系是结构严谨、衔接有序的科目组合。

2. 我国高职模具专业人才培养方式

通过中国知网以"高职模具专业人才培养"为关键词进行搜索，搜索结果显示，从 2007 年至 2017 年相关文献共计 57 篇，其中 2012 和至 2013 年相对较高。

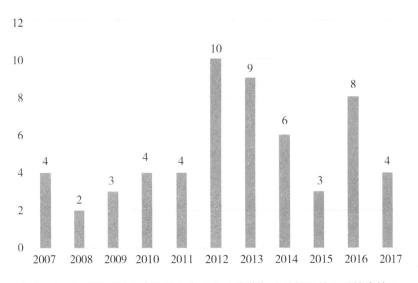

图 1-4　中国知网以"高职模具专业人才培养"为关键词的文献搜索情况

在文献中，高职模具专业人才培养的主要形式有：（1）基于"工学一体化"的人才培养。"工学一体化"就是将课堂教学与实际工作相结合，在工作中训练学生在课堂上无法学习的内容，在工作经历中接受专业的职业训练，为今后能顺利进入企业打好基础。"工学一体化"的载体是工作任务，工作任务规定了学生的学习内容和要完成的工作，学习内容不再脱离工作情境，而是能反映职业特征的典型工作任务。（2）基于"应用型"的人才培养。高职模具专业应面向产业需求，结合学校自身的办学优势和特色，选择正确的产业方向，根据企业岗位需求传授相应的知识内容，专业设置既要依托行业特色又要具有一定的超前性；（3）基于"两化融合"的人才培养。基于"两化融合"的人才培养模式不仅要培养既懂信息化又懂相关领域的工业化的复合型人才，还要培养学生的创新意识、管理能力和国际化素养，以提高学生未来职业生涯的竞争力，高职院校应培养适应两化融合的各类人才。（4）基于"创新型"的人才培养。高职模具专业应以产教融合、协同育人为平台实现创新人才的培养，人才培养模式应从单一的"技术技能型"向"复合型、发展型、创新型"转变。

综上，众多专家学者对职业教育人才培养进行了多方面的研究，然而，面对智能制造的来临，高职模具专业人才培养改革的相关研究成果还不多见，面对智能制造对模具生产模式和业态的颠覆，对高职模具专业人才培养研究在某些方面还存在不足，主要有：

一是缺乏智能制造对高职模具专业就业岗位变化的研究。现有的研究都是从宏观层面提出智能制造对高职生就业岗位有影响，可能造成有些就业岗位缺失，同时又会出现一些新的工作岗位，但并没有涉及具体的模具专业，没有可操作性。

二是尚未构建智能制造视域下高职模具专业的职业能力。当前国内对智能制造的研究仅局限于企业层面，智能制造技术的应用在一些知名模具企业刚刚起步，智能制造技术的能力培养在高职模具专业尚在探索阶段，目前的研究尚未涉及智能制造视域下高职模具专业职业能力的研究。

三是没有与职业能力相对接的课程体系。现有对高职模具专业课程体系的研究都是针对传统的专业设置提出的，有些研究从宏观层面给予理论研究，但都没有涉及具体的课程设置，没有可操作性。

通过对前述搜索到的57篇文献的研究者来源的分析发现，研究者多来自高职院校，他们的学历身份多为本科或硕士，鲜少有博士层次的研究者。对天津市高职院校模具专业专职教师学历的调查显示，具备博士学历或学位的教师相对较少，对高职模具专业人才培养的理论提升相对薄弱。此外，以"智能制造"＋"高职模具专业人才培养"为关键词进行搜索，则无一篇文献。

1.3　概念界定

"智能制造视域下高职模具人才培养研究"是智能制造赋予高职模具专业建设的新课题,因此,有必要对本书研究的智能制造、高职模具专业和人才培养的基本概念进行界定。美国的加里·戈茨(Gary Goertz)在其论著中指出:只有概念有效,理论研究才有价值。

1.3.1　模具智能制造

目前,国内外对智能制造没有统一的定义,因此,许多专家学者从不同的视角对智能制造进行论述,主要有以下几种:

1. 智能制造通过互联网对生产信息进行处理与优化

有些专家认为,智能制造是利用移动网络实现信息化、网络化和智能化的先进制造系统,智能制造离不开物联网、云计算和大数据等信息技术,生产车间内各种生产设备的互联互通是基础与前提,设备间没有互联互通,生产数据无法采集与交换。制造企业与互联网不互联,就无法实现企业间价值链协同制造,工业云和大数据都将成为无源之水。我国互联网技术的普及加快了制造业从大规模"生产型"向满足个性化定制并提供智能服务的"服务型"转变。有专家认为,智能制造是把信息、网络和智能三种技术融合,应用于企业管理、设计、生产、服务等各个生产环节的一种新工业形态。

2. 智能制造是信息化与工业化深度融合的过程

有些专家认为,智能制造是覆盖整个生产环节的更宽泛知识与技术领域的"超级"系统工程,是将自动化、集成化和智能化融合的一种制造模式,是将专家的知识与经验融入制造活动中,通过感知、决策和执行等实现对产品全生命周期的制造活动。智能制造是以产品全生命周期为主线,借助各种智能化管理软件、信息技术、计算机科学技术、自动控制技术、智能设备的集成、网络化分布管理,打通从设计、生产、销售与服务的各个环节,实现产品仿真设计、生产信息上传下达、生产自动排程、生产过程时时监控、生产质量在线监测的协同以及生产物料自动配送的智能化生产。因此,也有专家认为,智能制造是将自动化技术、控制技术、数字技术、物联网技术、大数据等信息技术融合，实现企业生产的管理与优化的新型制造系统。

3. 智能制造是具有感知、自我判断、自动控制的智能生产体系

有些专家认为智能制造是将制造技术、信息技术、数字技术和智能技术深度融合，使生产制造各个环节自我感知、自主决策和自动控制的先进生产模式。也有专家认为智能制造是将机械加工技术、自动控制系统、人工智能系统融为一体，并可在生产过程中进行逻辑判断、自我故障分析与推断，然后快速做出决策的智能制造系统。在未来，智能制造要能实现状态感知、自我分析、自主决策、精准执行的生产模式，首先要能对各个生产环节的数据进行实时被检测与分析，其次是生产线要能进行模块化组合，具有高度的柔性，能满足生产不同规格产品的需要。

2016 年，我国发布的《智能制造发展规划（2016—2020 年)》对智能制造给出较全面的描述性定义：基于新一代信息技术，贯穿于设计、生产、管理、服务等制造活动的各个环节，具有信息深度自感知、自学习、自决策、自执行、自适应等功能的新型生产方式。综上，依据众多专家学者对智能制造的论述和我国对智能制造的描述性定义，本书对模具智能制造的定义为：模具智能制造是利用信息技术、物联网技术、射频技术、传感技术、数字化制造、人工智能、自动控制、大数据分析等智能制造技术，打破模具企业原有固化生产体系，形成人、机、物深度融合，对生产环境具有通信、感知、分析和决策能力，对售后模具产品具有远程监控和通信功能，在模具产品的智能管理、智能设计、智能生产和智能服务整个生产环节实现智能化的新型制造模式。

1.3.2　高职模具专业

我国的教育法对职业院校的教育给出如下规定：职业教育有初等教育、中等教育和高等教育三个层次。前两种职业教育分别由初等、中等职业学校实施，而高等职业教育由普通高等学院或高等职业院校实施。2015 年 11 月教育部新修订的高职（专科）专业目录（2015）规定：《模具设计与制造专业》属于"装备制造大类"中"机械设计制造类"下的专业，培养目标为：培养德、智、体、美全面发展，具备良好的职业素养，能熟悉应用模具软件 CAD/CAM，掌握模具企业管理、产品成型工艺、模具设计、模具制造、模具企业生产流程、模具装

配与调试等相关知识，具备现代化的模具加工设备操作与维护技能，在现代装备制造业，从事生产组织管理、产品设计、制定产品成型工艺、3D 打印、模具设计、模具制造、快速成型设备操作、产品质量检测等工作①。

高职模具专业与普通本科模具专业在培养目标上有本质的区别。普通本科模具专业的培养目标是培养具备材料科学与工程的理论基础、材料成型及模具等专业知识，能在机械、模具、材料成型等领域从事科研、开发、工艺与设备的设计等工作的高级工程技术人才。高职模具专业的培养目标是培养具备必要的模具设计与制造理论知识和较强实践能力的生产、建设、管理、服务第一线的高素质技术技能应用型人才。

本研究中的高职模具专业指在高等职业院校开设的《模具设计与制造专业》，简称"高职模具专业"。

1.3.3　智能制造视域下高职模具专业人才培养

2012 年，教育部在《国家教育事业发展第十二个五年规划》中提出："高职教育重点是培养产业转型升级和企业技术创新需要的发展型、复合型和创新型的技术技能人才"。当前，我国大力发展智能制造，制造业面临产业升级，智能制造的生产组织形式与传统制造相比发生了根本性地改变，工作范围在扩大，岗位界限变得模糊。徐国庆教授对智能时代人才培养的转型进行了精辟地分析与论述，他提出智能制造在工作模式上将发生"工作范围扩大化、人才需求复合化、操作技能高端化、工作内容创新化，生产服务一体化"五个方面的变化，从而导致技术技能人才的知识和能力结构也发生变化，智能时代的人才培养应以工作系统分析和职业能力分析综合研究新的人才培养方式。此外，企业对知识能力的需求大幅提升，肖凤翔教授从生产组织方式的视角阐释了企业对知识型技能人才的需求，他提出："敏捷制造生产模式下的企业生产组织夹裹着劳动者和知识前行，两者均已从静态到动态发生质的变化，企业需要运用知识和智慧创造的价值高于动手创造价值的人才，高职人才培养目标应调整为培养知识型技能人才。"翁伟斌从高职教育该如何应对工业 4.0 的视角探讨了高职教育改革，提出高职教育应采用由知识向能力转变的教育理念，跨学科的培养体系，

---

① 内容源自普通高等学校高等职业教育（专科）专业目录及专业简介（2015 年）：362.

合作研究式教学方法和移动互联的教学形式。

　　智能制造所需的知识、技能及素质均发生很大变化，显然，高职模具专业现有的人才培养已不能很好地适应模具企业的发展需求，必须对现有的人才培养模式进行改革。这种改革的动因一方面来自教育外部智能制造大环境的需求，另一方面来自教育内部人才培养质量与培养目标的符合度需求。模具智能制造大环境对高职模具专业而言，所需的理论知识除模具专业知识外，还有企业信息化管理、物联网、数据采集与分析、射频技术等方面的知识。高职模具专业学生只有具备宽泛的跨学科知识和复合型技能才能更好地胜任工作。另外，智能制造工作现场的复杂性往往需要协同合作才能完成，这种工作性质对人的素质要求上升至职业素养、团结合作、社会主义核心价值观、工匠精神、创新精神等。

　　高职模具专业提高人才培养质量的关键是"双师型"教学团队与实训环境。目前，高职模具专业的教学团队多数由相同学科背景的教师组成，在对接模具智能制造产业所需的知识与技术方面相对薄弱，缺乏模具智能制造企业的工作经验，因此，高职院校需引进模具智能制造企业高技能人才作为兼职教师，这样有利于帮助专任教师提升模具专业综合知识和教学能力。高职教育是为企业培养技术技能型应用人才，这种培养离不开生产环境的实践。在智能制造生产环境中，高职生的工作角色由原来的设备操作者转变为智能设备的监控者、维护者。只有为他们提供智能制造生产环境，使他们了解智能制造生产全过程，才有可能提高他们解决实际问题的能力。从目前高职实训条件来看，很难做到完全复制智能制造企业环境，唯有深化产教融合、校企合作，双方互相支持、优势互补、资源互用、互相渗透，发挥双主体育人机制才有可能实现智能制造时代高端技术技能型与创新型人才的培养。

　　综上，智能制造视域下高职模具专业的人才培养既是教学理论的具体化，也是教学实践的抽象化，本书将智能制造视域下高职模具专业人才培养归纳为：培养德智体全面发展，服务于模具智能制造企业的中高端知识技能型人才，以产教融合为背景，职业能力为主线，典型工作任务为载体，将课程体系与职业能力对接，师资队伍与企业技术骨干融合，校内校外实训基地共同保障教学实施的"双主体"育人过程。

1.4　研究内容、方法与思路

1.4.1　研究内容

第一章绪论。首先阐述研究背景及研究意义，然后对相关文献进行梳理，为后续的研究打下良好的基础，同时对核心概念进行界定，最后提出本书的研究内容、研究方法、研究思路。

第二章介绍智能制造对模具行业的影响。本章研究了智能制造与智能工厂的特征，梳理了模具制造业的技术变迁对模具制造业人才技能的影响。通过到国内顶尖模具智能制造企业调研，发现智能制造对高职模具专业就业岗位发生的变化，即从生产制造岗位向生产服务岗位转变、从单一工种岗位向复合能动岗位转变、从技能型岗位向知识技能型岗位转变、从个体独立岗位向团队合作转变和从工作岗位由相对固定向流动岗位转变。这些变化将导致高职模具专业在人才培养规格、课程体系、师资队伍和实训环境建设等方面遇到挑战。

第三章是高职模具专业人才培养现状与挑战。本章首先对高职模具专业从专业建设、课程体系、双师型师资队伍、校企合作和教学质量方面进行现状分析，高职模具专业现已取得的显著成效，为智能制造时代的教学改革奠定了良好的基础。然后分析了智能制造对高职模具专业的挑战，主要从人才培养规格、跨学科的知识体系、师资队伍和校企合作进行了研究，最后分析研究了国外发达国家职业教育应对智能制造的发展策略。

第四章基于智能制造的高职模具专业职业能力研究。本章以胜任力理论和新职业主义理论为基础，从"生产前、生产中、生产后"三个维度进行能力需求分析，同时参照国家相关文件和《悉尼协议》国际能力要求编制调查问卷，利用德尔菲法初步确定了高职模具专业职业能力构成要素，利用多维尺度分析法对构成要素从专业能力、方法能力和社会能力方面进行聚类分析，通过调查问卷对指标体系进行有效性及合理性研究，最终确定了职业能力三级能力指标体系。

第五章是基于智能制造职业能力的高职模具专业课程体系的构建。本章以能力本位教育理论和范例教学理论为指导，以构建的职业能力指标体系为基础，从课程目标、课程内容和课程组织等方面对高职模具专业课程体系进行重构。以职业能力为主线，鱼骨图为开发工具，设计了高职模具专业课程体系和核心课程。并将课程体系构建成 7 个课程群，课程群按照工匠精神与职业技能融合、理论与实践融合、职业迁移能力与智能制造技术融合、虚拟与现实融合的"四融合"方式实施。通过课程与职业能力的对接关系，利用评价模型对课程进行了评价。

第六章基于智能制造的实训基地建设与师资队伍建设。智能制造对高职模具专业职业能力和课程体系的新诉求客观上对实训基地和师资队伍提出了更高的要求。本章对智能制造视域下校内实训基地应具备的功能、技术应用中心的搭建、实训项目的开发，产教融合校外实训基地的选择与管理、可实现的目标进行了研究。对师资队伍建设积极拓展建设思路，提出了建设途径，在校内对跨专业教师进行有效整合，使模具专业整体师资队伍建设顺应社会发展需求，促进高职模具专业健康、持续发展。

第七章研究总结。总结本书的研究成果，该成果将对我国高职模具专业人才培养转型提供一些启示和参考价值。

1.4.2 研究方法

本书在研究过程中采用教育学、机械工程学、社会学等多个学科的相关理论进行跨学科、多维度地研究，从智能制造对模具制造业和高职生就业岗位、职业能力和知识的影响出发，分析高职模具专业应对智能制造的挑战，从实践调查和感性认识中进行理论提升，形成智能制造视域下高职模具人才培养理论。研究方法主要采用以下几种：

1. 文献研究法

本书利用文献研究法对有关教育学、心理学、机械工程学、社会学等大量文献进行整理和分析，涉及文献范围较广，通过对文献资料的分析奠定本书的研究基础。

2. 德尔菲法

智能制造视域下高职模具专业人才培养的研究处于探索性阶段，该领域的文献相当少，为了确定智能制造视域下高职模具专业的职业能力构成要素，本书利用德尔菲法邀请企业专家对职业能力构成要素进行多轮咨询，最终达成较一致的意见，获得了高职模具专业职业能力构成要素。

3. 问卷调查法

本书利用问卷调查法对高职模具专业职业能力要素开展广泛调查与研究，通过专家建议找出研究中的不妥之处进行修订，为职业能力的聚类分析提供实证数据材料，为后续的课程开发奠定基础。

总之，本书综合利用多种研究方法，将模具专业与教育学相结合、理论研究和实证研究相结合、整体与局部研究相结合，确保研究的科学性。

1.4.3　研究思路

在研究过程中采用的研究路径为：通过查阅文献和企业调研发现问题，然后聚焦问题，针对问题对研究内容进行设计、分析与实施。研究方法采用文献研究法、德尔菲法和问卷调查法。研究主线为：基于智能制造对模具行业产生的影响，引发模具制造业生产业态的变化和高职模具专业就业岗位的变化，这些变化导致职业能力和课程体系的重构，同时需要建设新的师资队伍和模具数字化智能车间。目前，具备模具智能制造能力的企业较少，在一些发达地区，高职院校模具专业人才培养也在开展积极有益的探索，但所做的努力是初步的。本书试图通过对智能制造视域下高职模具专业人才培养进行系统研究，希望为我国高职模具专业人才培养转型提供一些启示和参考。研究思路框架如图1-5所示。

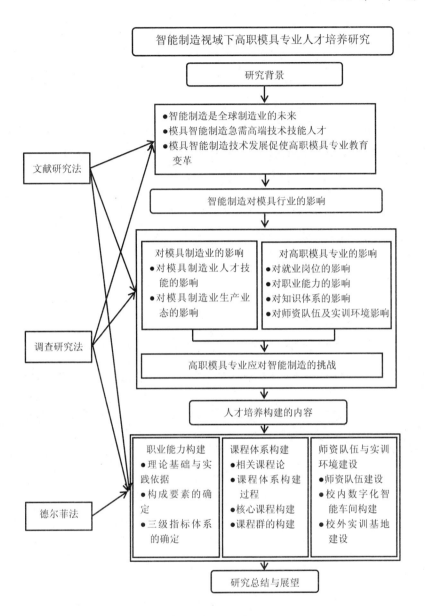

图 1-5 研究思路框架图

1.5　本章小结

本章分析了研究的背景和意义，进行了文献综述，界定了本研究关于模具智能制造、高职模具专业和智能制造视域下高职模具专业人才培养的概念，提出研究内容、研究方法和研究思路。

第二章

智能制造对模具行业的影响

智能制造开启了第四次工业革命，它引领我国模具制造业从传统制造向智能制造方向转型，但这种转型对我国模具制造业及其技术技能人才产生巨大影响。通过到智能模具制造企业的调研，如天津汽车模具有限公司、青岛海尔模具有限公司、成都西门子数字化工厂、深圳模德宝科技有限公司等多家顶尖模具智能制造企业，参观了多场机床展销会和模具智能制造发展论坛，查阅大量国内相关文献，研究发现：智能制造不仅使模具制造业生产业态和高职生就业岗位发生变化，而且使高职模具专业人才培养面临很大的挑战。

2.1 智能制造与智能工厂的特征

2.1.1 智能制造的特征

我国自发布"中国制造2025"以来，传统制造业加快了向智能制造转型的步伐，使制造业在设计、生产、管理和服务等整个产品生命周期发生巨大变化，形成"虚实结合、信息感知、网络协同和人机一体化"为特征的智能制造空间，并以此推动智能制造的发展。

1. 虚实结合

虚实结合是指利用计算机软件、仿真技术和虚拟现实技术生成虚拟制造空间，对产品结构、制造工艺、装配关系等进行设计分析、强度分析、虚拟预装配等，实现产品原型制造的仿真，可提前对产品制造过程进行评估，有效降低加工成本，从而达到缩短产品制造周期的目的。随着我国制造业的转型升级，也带动了虚拟现实技术的发展。如模具制造企业利用CAD软件进行产品的二维和三维结构设计，利用CAPP软件模拟仿真零部件的加工工艺，利用CAM软件模拟生产设备的加工过程，利用CAE软件对产品进行可靠性分析与检验等，通过虚拟制造环境将产品设计、生产加工、质量检验与装配等形象地表现出来，大大缩短了产品反复试制时间，进而快速生产出与用户需求一致的产品。

虚实结合制造手段不仅覆盖产品设计、工艺编排、加工过程，还将覆盖售后维护、回收与再制造等生产环节。随着在虚拟制造空间所反映的产品整个生命周期真实程度不断增强，不仅使制造企业提高了生产效率，还能更好地满足个性化定制的需求。虚实结合是智能制造企业缩短产品制造周期、降低生产成本、保障产品质量的主要技术手段。近年来，模具企业应用软件更新速度很快，软件功能逐渐由单一化向集成化转变，同一软件可完成设计、工艺、加工、装配、检测等多项功能，标准化、模块化、集成化很高，这极大地节约了产品全生命周期开发成本，可实现在虚拟制造环境完成设计、生产、物流和销售等各种资源的动态配置，同时产品质量跟踪与检测也离不开软件的支持，虚实结合生产手段不仅提高产品质量也实现了柔性生产与个性化定制。目前，虚实结合在压铸件、汽车覆盖件、高铁流线型车头蒙皮件等复杂模具的设计与制造得到广泛地应用。

虚实结合制造手段不仅在模具企业得到广泛应用，高职模具专业教学中也离不开虚实结合，如模具设计、工艺规划、加工仿真等，尤其是模具产品的数控加工环节，由于学校数控机床设备昂贵、数量少，加工程序一旦出现问题难以人为控制，所以，实际加工中要尽量避免机床事故的发生。因此，学生在实际操作前先在数控仿真系统中模拟实际加工过程，在虚拟制造环境检验毛坯、加工路线、刀具、切削用量、加工精度等是否合格。

综上，随着产品制造从大规模生产向大规模定制转变，模具产品结构由相对固定向不确定转变，在虚拟环境模拟实体加工，是智能制造企业缩短产品制造周期、降低生产成本、保障产品质量的主要技术手段。因此，高职院校应注重通过虚实结合的手段培养学生的创新能力，让学生在虚拟制造环境中更多地接触先进制造技术，增强多学科、多模块虚实结合的实践教学，加强学生个性化和创新能力的发展。

2. 信息感知

信息感知是指利用视频技术、传感器、二维码等方法高效采集、存储、分析、处理和识别海量数据信息，实现自动感知和快速认领。信息感知使生产线上物品的追踪能力得到极大提升，从而实现管理者对产品设计、生产、管理和服务的可视化、精细化、智能化管控。

智能制造与传统制造相比，智能制造系统将生产过程中的各个子系统高度集成为一个整体，实现整体的智能化，这是与传统制造系统"生产孤岛"最根本的区别。智能制造系统可获取生产全生命周期的各种数据，首先，将客户信息进行实时科学地分析，制造车间通过传感器、射频技术准确采集、感知加工信息；其次，生产执行系统对采集到的数据实时进行管理和分析，具备智能化的数控设备根据产品的生产信息自动调节生产过程，在加工过程中能感知周围加工环境的变化；最后，通过系统分析进行自主决策、自主判断加工参数并进行实时优化，主动执行智能制造的生产任务，自动识别质量检测数据波动并及时处理产品质量异常。由于产品在进入生产环节之前利用电子标签、二维码或条形码赋予了唯一标识，所以很容易追溯产品加工过程中所涉及的生产数据，如供应商、用料批次、工作人员、加工地点、加工设备、加工时间、质量检测及判定不良产品等。目前，有些企业的智能工厂利用传感器、射频技术和智能芯片等技术对生产信息自动识别、感知、传输、自动排程、高效自动加工、精密检测、自动导向小车进行自动化仓储等，可实现全天 24 小时加工，夜晚可实现黑灯操作。

综上可以看出，智能制造生产是高度自动化加工，正常情况下人工很少干涉生产过程，员工在生产现场的工作由幕前操作设备变为幕后监控设备，由体力劳动变为脑力劳动。当出现生产警报时，现场工作人员迅速查找原因并能快速解决问题，这对现场工作员工的能力要求比传统制造高了很多，因为他们只有熟知整个生产流程，才能更好地判断故障原因，这就要求他们不仅要具备本专业知识，还要有新一代信息技术、自动控制、数据分析等相关知识。通过上述分析可知，高职模具专业的课程体系必须要进行跨学科的融合，否则难以培养出符合时代发展需求的人才。另外，从智能制造具有信息感知的特征，我们在职业教育中要始终向学生灌输一丝不苟的大国工匠精神、不断追求高尚的职业情操和社会主义核心价值观，因为个人的工作精神已被记录，可追踪。

３. 网络协同

网络协同是企业利用互联网、物联网、无线网络、信息技术等手段，打破时空约束，实现产业链上不同企业或个人协同研发、协同设计、精准物流、智能生产、实时生产数据分析、智能服务等，实现充分利用企业资源的目的。

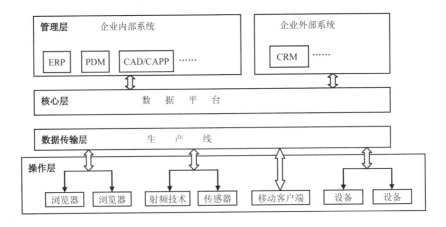

图２－１　网络协同

网络协同促使智能制造由过去在工厂中的集中生产模式被分布式生产模式代替，如生产中的某些环节或全部环节都可以分布到全国或全世界进行协同制造，使生产的性价比得到最优化。随着网络技术的迅猛发展，对网络信息资源的开发利用是企业实现资源最优配置的有效途径。网络协同是企业快速抢占市场，开展大跨度整合创新的新型生产模式，目前，企业借助互联网、云制造平台等，不受时间和地域的限制实现共同研发、设计、制造、供应链等，达到资源共享的网络化协同制造，大大提高生产效率和技术更新速度，我国的丁军妹等对网络化协同服务进行了研究，倪益华等对协同知识管理系统进行了研究，网络化协同使智能制造整个生产环节实现无缝对接。

目前，企业大学和科研机构通过产学研合作也是网络协同创新的一种形式，是国家创新体系的重要组成部分。产学研合作是协同开展技术创新，加速技术推广与应用，科研成果产业转化的重要举措。在产学研合作中主要涉及知识的整合与应用，詹姆斯·马奇认为，知识分为学术知识和经验知识，学术知识强调对事物的认识程度，而经验知识强调在特定环境中去理解实施。对高职而言，

"产"、"学"、"研"三者是相互依赖相互促进的关系，生产与教学相融合，更符合高职教育的特点，学生在生产操作的同时加强对知识的理解；企业技术创新逼迫学生对知识进行深入学习，激发对学习的热情；学生在学习中融入教师的科研项目中，帮助老师完成项目的同时其思维能力得到拓展，进而培养了学生自主创新思维。

4. 人机一体化

人机一体化就是充分发挥人与机器各自的优势，一方面利用人的智力突出人在制造中的决策能力和经验智慧，另一方面利用计算机的快速分析、判断和计算能力突出机器生产的智能化，使人机在不同的层面取长补短，相互协作、各显其能。

对人机一体化与人工智能的研究，早在20世纪90年代，路甬祥等人就提出人机一体化与人工智能是一项复杂的大成智慧工程，人机一体化强调人与机器组成的"新型伙伴关系"，在工作中人与机器共同感知、协同决策、平等合作，这种合作关系实现了超过人的能力乃至智力的水平。

随着计算机技术、新一代信息技术、传感器、人工智能及可穿戴设备等技术不断取得突破，人机一体化越来越引起人们的关注。基于人工智能的设备只能进行机械预测、推理和判断，因此，它具有逻辑思维和形象思维，但不具备灵感思维，只有人类专家才同时具有上述三种思维能力。而智能制造系统不仅仅是"人工智能"系统，更是人类专家与智能机器一体化混合智能制造系统，既突出人在智能制造中的核心地位，又在智能设备的配合下更好地发挥人的潜能。智能设备的使用提高了生产效率，减轻了员工的工作强度，同时对使用智能设备的人也提出了更高的要求，如工业机器人的使用，需要对工业机器人进行编程、维护，还要能与机器人进行远程交互等。

综上，在智能生产中，只有大大减少人为因素的差错，才能更好地实现人机一体化。人的智能与机器智能集中在一起，互相配合、相得益彰，高素质、高智能的人才在智能生产中将更好地发挥作用。随着智能制造技术的发展，企业对人的岗位需求发生了改变，未来的生产将向着人机合一、团队合作、知识跨界等方向发展。

2.1.2　智能工厂的特征

智能工厂是在数字化工厂的基础上，利用物联网技术、监控技术、信息技术等将人、机、物深度融合，使生产过程实现高效自动化，减少人工干预，实现柔性制造的工厂。与传统制造工厂相比，智能工厂具有集成化、数字化、智能化和可视化的特征。

1. 集成化②

智能工厂的集成化主要表现在纵向集成、横向集成和端到端集成。纵向集成是企业内部通过信息网络实现所有环节的信息无缝链接。产品的研发、生产和物流等各个环节的数据信息被实时保存在企业内部的数据平台中，不同级别的人员有不同的权限。产品开发完成后一方面向生产线传递加工的信息，另一方面产品的数据信息被传入数据平台，采购部门、质检部门、物流部门等根据数据平台产品信息进行相应的工作。当数据平台信息更新时，企业内部不同的部门均能在第一时间同步更新，避免了传统制造业各部门因数据壁垒而造成的损失。目前，智能制造企业的纵向集成已实现。

横向集成是不同企业间通过价值链利用信息网络实现资源整合。任何企业都不可能短时间内把产品质量做到十全十美，所以，智能制造企业将产品的关键核心部分自己研发，其余外包给相关企业，这样使产品的质量整体得到优化，并且有利于并行生产模式的实施，缩短了生产周期。横向集成实现了企业产品的开发、生产制造、经营管理和售后服务等在不同的企业间通过移动网络达到信息共享和业务协同。海尔的众筹外包模式就属于此种模式。

端到端集成就是将产品整个生命周期的各个端点互联，即将生产企业、供应商、经销商、用户等都作为端点互联，用户可参与到产品设计中，这为个性化定制提供了方便，也是未来的发展趋势。

综上，高职现有的实训环境不具备集成化的功能，在未来也很难做到横向集成和端到端的集成，因此，以高职一己之力难以培养"适销对路"的人才，唯有校企合作，联手培养才是未来职业教育的发展方向。

---

② 周兰菊，曹晔. 智能制造背景下高职制造业创新人才培养实践与探索［J］.《职教论坛》，2016（09）：64－69.

2. 数字化

数字化是指在虚拟环境中，对产品模型进行仿真制造，从而实现快速生产的目的。美国是最早使用数字化制造技术的国家，最初是数控机床，以后发展到 CAD 软件、柔性制造系统、CAD/CAM 系统、计算机集成制造系统，尤其是数字化制造技术在波音飞机的应用，使生产时间由原来的八年缩短至三年。随着我国制造业的转型升级，也带动了数字化制造技术的发展。企业利用数字化制造将产品设计、生产加工、质量检验与装配形象地表现出来，使计算机技术、虚拟现实技术、快速原型制造与智能制造技术相融合，利用互联网技术迅速收集产品相关信息，进而快速生产出与用户需求相一致的产品。数字化制造可实现对产品加工工艺和制造过程的分析、规划和重组。

模具制造业的发展趋势是大力发展数字化制造技术，就是要实现数字化管理、数字化设计、数字化加工、数字化分析和数字化服务咨询等，其中数字化设计、数字化加工、数字化分析等技术构成了模具数字化制造的支撑技术，将成为现代模具制造业解决设计和生产过程中大型化、复杂化问题的基础和条件。

综上，数字化制造是模具企业缩短产品制造周期，保障产品质量的主要技术手段。目前，高职模具专业比较重视对学生数字化制造能力的培养，相关数字化制造软件已纳入学习课程中，但相对企业使用的软件，学校的软件集成化功能相对较低。

3. 智能化[3]

传统制造中的人支配机器，而智能制造中的机器具有感知、分析与决策能力，不再受人的支配。因此，智能制造智能化的第一个表现形式是机器人代替人从事简单、重复性的操作工作。目前智能制造企业均已将机器人应用于生产中，海尔利用机器人代替人后节约了 80% 的人力，随着企业的转型升级，将会有更多的机器人投入生产中，在《中国制造 2025》规划中将机器人位列十大重点领域的第二位。智能化的第二个表现形式是柔性化，即一条生产线上可同时生产多种产品，如西门子可实现一条生产线同时生产 50 种不同的产品，产品从原材料进入生产时便赋予其一个数据信息（犹如我们见到的二维码），在生产线

---

③ 周兰菊，曹晔. 智能制造背景下高职制造业创新人才培养实践与探索［J］.《职教论坛》，2016（09）：64 – 69.

上通过传感器、处理器、存储器、通信模块、传输系统等，使产品具有动态感知和通信能力，产品可识别、可定位，颠覆了传统制造业一条生产线上只能生产一种产品的模式，使个性化定制生产成为可能。智能化第三个表现形式是高效自动化生产，产品在生产过程中不需要人工干涉，按照预定的目标实现自动加工、测量、质量检测等信息处理，实现加工过程的自动化。

综上，高职院校如若搭建具备上述智能化的实训车间，需要上千万的资金，如果没有政府的支持很难实现。目前，我国制造业面临产品质量、成本与功能创新等压力，智能制造为企业提供了解决现有问题的技术途径与新思路。模具制造业积极推进智能制造关键技术的研发与应用，一批企业积极打造高柔性的智能工厂，全面提升我国模具制造业的整体水平，但在建设过程中遇到人才短缺的困境，由此可见，校企合作、产教融合是高职院校与企业互利共赢的发展之路。

4. 可视化

可视化是把复杂、抽象的事件以图形或图像直观显示的过程。智能工厂中利用三维可视化技术直观、动态地展示管理、车间设备、生产流程、生产数据等，可视化已成为智能制造企业实现信息化管理和智能化运营的重要技术手段。管理层通过可视化在线观看生产现场，发现制造过程中存在的问题，如同身临其境；员工通过可视化看板进行相应工作，提高生产过程的执行效率；用户通过可穿戴可视化设备，与虚拟环境中的产品进行信息交互、观看输出结果，快速获取产品信息，感受现实世界的体验结果。

由于智能制造的复杂性及各要素之间的依赖关系，利用可视化可对数据进行动态展示，在不同工作场合实现人机交互及对生产数据的联动。利用计算机技术将各种分散的信息进行整合，以直观的表格或图像显示，可将生产中的异常以警惕信息显示，把抽象的数据以静态或动态的可视化方式显现，决策者可根据数据之间的关联及变化趋势及时做出决策。

综上，可视化作为智能工厂的一个特征，在车间较容易实现，因此，高职院校在搭建智能实训车间时应使其具备可视化功能。

2.2 智能制造对模具制造业的影响

目前，人们把工业革命分为四个阶段，即"工业 1.0"、"工业 2.0"、"工业 3.0"、"工业 4.0"，它们分别对应机械化生产、电气化生产、数字化生产、智能化生产。本节梳理了不同工业革命阶段技术变迁对模具制造业人才技能的变化，以及智能制造对模具制造业生产业态从企业功能、生产环节、生产模式、生产驱动力、生产方式、生产技术等方面发生转变。

2.2.1 技术变迁对模具制造业人才技能的影响

从出土的历史文物中发现，我国在远古时代就已经开始使用模具，鼎盛期出现在商代盘庚迁殷至春秋战国时期。从瓦特发明蒸汽机标明工业 1.0 开始，用机器代替手工，使生产进入机械化生产时代。模具行业也开始使用一些简单的设备代替手工工具，模具设计采用手工绘图，模具制造环节由于使用手摇钻床等简单设备，使工人的劳动强度降低，但生产工艺主要还是手工加工，生产水平凭借个人的经验智慧发挥作用，当时的模具知识停留在工匠的生产经验中，技术靠口传心授传承，产品更新换代慢。模具产品的竞争优势完全取决于模具钳工的技术水平，再完美的模具设计，画地再好的图纸，最终要靠模具钳工的经验与智慧表现出来，没有模具钳工，模具设计就是废铁一堆，由此可见，在工业 1.0 阶段，模具行业技术技能人才要具备模具钳工的操作能力，其水平高低完全取决于个人的经验。如果按照现在的标准去评判当时的制造过程和质量，他们的产品只能称作"粗加工环节"，并且模具产品没有标准而言。

随着工业 2.0 带领工业生产进入电气化时代，通用切削机床的广泛使用，尤其是普通铣削加工、坐标镗削加工和成型磨削加工代替手工钳工加工，大大提高了模具制造的生产效率，通用零部件的标准化，缩短了模具制作周期（一般为两至四个月）。此阶段的模具制造主要是依附于制造企业的配件加工车间，还没有形成独立的模具企业。模具设计还是依靠手工绘图，但模具制造由人控制机床完成相比于完全由手工操作完成，大大降低了工人的劳动强度，提高了生产效率。在工业 2.0 阶段，模具行业技术技能人才要具备普通铣削加工、磨削加工的操作能力，其水平取决于实践经验，并且操作时人不能离开机床。目前，这种生产模式的小模具企业依然存在，其规模化、集中式生产方式较以前有了很大的改善。国家已提出让这部分企业在传统制造方面进行"补课"，使他们依靠互联网与外部企业广泛联系，形成一个社会制造单元，有利于实现全社会制造的协作。另外，对这部分企业在绿色制造、智能升级、高档数控机床、3D 打印技术、互联网、工业机器人等智能技术和装备的运用上进行"加课"。

工业 3.0 以数控机床加工为特征，形成柔性化、集成化、精良生产、敏捷制造等先进的制造技术，标志着生产进入数字化自动加工时代。模具设计伴随着计算机技术的快速发展，CAD、CAE、CAM 等软件开始在模具设计中使用。20 世纪 90 年代以来，CAD/CAM 技术开始在国内汽车行业复杂的汽车车身与覆盖模具设计中使用并取得了显著效益。CAE 软件最先被一汽公司在 1997 年引进在板料成型过程中使用并开始用于生产，使用软件提高产品质量已成为人们的共识，这些软件的使用极大地方便了模具设计，并使得模具设计更加完美，手工绘图逐渐退出历史的舞台。许多模具从业人员在"工业 3.0"时期独立出来成立模具公司。改革开放后，国际间的交流也助推了模具的发展，一些先进模具加工设备的引进，如数控铣床、数控加工中心代替传统的普通铣床和磨床，模具制造依靠数控机床实现自动化加工，提高了生产效率和产品精度。在工业3.0 阶段，模具行业技术技能人才要具备对数控机床的编程及操作能力，产品质量更多依赖于机床和刀具，在加工过程中，操作人员可以离开机床，一人可看管多台机床。目前，我国许多模具企业处于工业 3.0 阶段，在模具设计方面，利用模具专用软件 CAD、CAM、CAE 设计的模具可以达到世界先进水平。

目前的工业 4.0 还处于探索阶段，但它是未来的一种发展趋势，为未来制造业描绘了一幅美好的蓝图。自从德国 2013 年提出"工业 4.0"的理念后，一些有资金实力的模具企业就开始探索工业 4.0 的制造模式，如青岛海尔模具有限公司和天津汽车模具有限公司等企业，在模具设计方面，他们在"工业 4.0"下采用的软件相比于"工业 3.0"大大提高了生产效率，从设计、分析、仿真检验、虚拟制造全采用一个平台，减少了设计过程中不必要的数据转换环节和不同软件间可能存在不兼容的弊端。如在"工业 3.0"下采用的软件是相互独立的，用 2D 进行结构设计、用 3D 进行分模设计、用 CAE（计算机辅助分析）软件进行模拟分析，多款软件在传输过程中不可避免地会因软件技术不兼容发生数据转换造成的错误，浪费了时间，从而造成生产效率低下。面对产品生产周期越来越短，协同模具设计对提高模具生产效率起到质的飞跃。在一个设计平台，多名设计师同时设计同一模具项目，每位设计师在自己的电脑中可以看到别人的设计，但别人的文档是只读状态，只有自己的任务文档是可读写的，这就保证了协同设计不冲突、不重复，也可实现异地并行工作，这些措施有效提高了设计效率。

　　"工业4.0"下的模具企业生产依靠工业互联网把整个生产流程连接起来。如成都西门子数字工厂就是通过网络将设备互联，设备与数据平台互联。生产计划电子工单通过局域网发放到各个生产岗位，操作人员通过触摸屏查看自己的工作任务；装配人员可追踪装配零件是否到位及如何装配；公司领导在办公室就能快速查询实际的生产现状及设备的利用率，进而做出最佳决策。数控设备的加工程序通过数据平台网络传输，保证了机床——程序——零件的准确性和唯一性。当加工某一个零件时，零件毛坯上均有电子标签，该标签包含零件的加工信息、所需设备、制造流程等内容。在加工环节通过机器视觉和多种传感器随时进行质量检测，自动剔除不合格的产品，有质量问题的产品不会进入下一道工序，保证了产品合格率达99.99%。生产智能化还体现在同一生产线上可实现多品种、小批量的混搭生产模式（在"工业3.0"下是同一生产线上只有一种产品在加工），有员工操作的工位，产品到达时能够给予智能提示。在不久的将来，生产的智能化将不再局限于本企业的加工设备，可利用互联网搭建临时的生产线，加工任务完成后该生产线自动解体。在工业4.0阶段，模具行业技术技能人才逐渐从生产线上操作岗位转移到生产线下的生产服务岗位，工作内容不确定，更多依靠知识解决实际问题。

　　工业4.0改变了原有的制造业生产模式、思维模式和创新模式，它通过生产过程中的网络技术，实现实时管理和跟踪生产状况，模具行业也会跟随"工业4.0"的脚步不断完善自身生产体系进入"智能化生产"阶段。我国现在的模具企业，多数处在工业2.0和工业3.0阶段，即使是很先进的模具企业，尽管使用机器人和高档数控设备代替工人提高了生产效率，但按照工业4.0的框架，离工业4.0的差距还很大，毕竟工业4.0的概念从提出到现在只有三年多的时间。当前，以数字化、网络化和智能化为特征的生产技术正把工业革命带入"工业4.0"时代，有人把"工业4.0"的生产称之为智能制造生产。工业4.0

时代的模具行业将在"互联网＋"的生态环境中实现智能管理、智能设计、智能生产、智能物流、智能服务等过程的收益。"大众创业、万众创新"的国家政策为模具从业人员提供足够的机会，模具行业将进一步下沉到进入互联网体系的广大小微模具企业中。

梳理不同工业革命时期模具技术能力的变化发现：每次技术变迁都使模具制造业生产一线设备的操作能力变得简单化，而知识变得复杂化。

2.2.2　智能制造对模具制造业生产业态的影响

1. 企业功能从生产型向生产服务型转变

市场产品同质化竞争不断加剧，我国粗放型生产模式以过度消耗能源、高度污染环境为代价，造成"伪成本优势"的低利润生产局面。模具企业在传统制造模式下的功能是生产产品，企业关注的是低成本和规模经济。而现在客户不仅需要产品，还需要捆绑式的服务，如产品具有时尚的外观、多样性的功能、产品信息的追踪、良好的售后服务等，同时还有国家对企业的要求，如绿色制造、节约能源、可拆解循环利用、可持续发展等。人们对产品需求的变化和国家在宏观层面的调控，客观上要求企业以用户需求为主导、从生产型向生产服务型进行转变。国务院在 2014 年 8 月 6 日印发了关于《加快发展生产性服务业促进产业结构调整升级的指导意见》，引导企业从价值链低端向高端延伸，加快了模具企业从生产型向生产服务型转变。

生产服务型生产模式是模具企业在智能制造模式下的新生产模式，模具企业不再以生产实体产品来创造价值，而是以无形服务产生产品的差异性，从而创造出更高的附加值，获得更高的利润。这种生产模式使模具企业更注重用户的满意度，通过满足用户个性化服务需求或集成解决方案实现产品价值的最大化。生产服务型生产模式是一种新型的按需和主动的智能，通过技术创新不断提升服务功能，扩大增值空间。同时，用户可全程参与制造过程，也可随时跟踪加工过程，甚至使在生产过程中的最后一分钟变更需求成为可能。企业与用户通过端到端集成网络实现"智能服务"，生产后的智能服务体现在对产品的远程监控与功能维护，和及时为用户提供售后服务信息上。模具智能制造企业通过开发面向客户服务的 APP，可对客户的产品生产信息提供实施传递、数据反馈，物流跟踪服务，使客户可多维度、多层次对产品进行感知并深入地辨识，如模具智能制造企业根据产品信息大数据、远程监控与诊断技术，及时跟踪用户使用情况，针对用户使用过程中出现的问题提供优化解决方案并提出预防性维修维护建议。

2. 企业管理从职能管理向信息化管理转变

职能管理是上级制定生产目标、逐级下放生产任务、下级盲于执行的管理模式。信息化管理是通过精简职能部门的层级数、同级部门的数量和员工人数，进而方便企业领导层的决策在企业各部门得以快速传达和执行的新型管理模式。

有些模具企业现有的管理模式为职能管理，各职能部门间组织繁杂，企业的生产进程依靠管理人员的经验手工排程或利用 Excel 来制定。生产管理凭经验不但容易出错，而且职能权力的压制容易造成员工工作不积极和懈怠情绪，导致生产加工延误和互相推卸责任的事情发生。模具企业在智能制造模式下利用互联网实现信息化管理，企业员工可通过共享数据平台发布的生产信息，同步领取工作任务，企业领导和各主管人员通过看板直观显示的任务完成情况进行可视化管理，并利用集成信息平台对相关人员进行任务催办，这种管理模式能够有效提高企业管理工作的效率，让更多的管理人员从繁杂、重复的劳动中解放出来，将更多的精力投入到技术研发、协同制造、技术交流、市场开拓、改善产品质量、降低生产成本等工作中。

3. 生产环节从"生产孤岛"向"产品全生命周期"转变

生产孤岛是指企业各生产部门只考虑本部门的生产任务而不考虑其他部门的实际加工情况，如企业车间部门生产产品不考虑市场需求，采购部门不根据车间生产计划而自行采购原料，销售部门制定任务不考虑企业实际的生产能力等，这种生产环节相互独立、内在联系被割裂的生产就是生产孤岛的情形。随着我国信息化与工业化的融合，"互联网＋制造业"使企业管理、设计、生产与服务集成形成产品全生命周期一体化的生产模式，如图 2 - 2 所示。

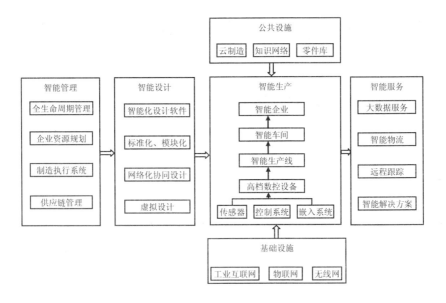

图2-2 模具产品全生命周期一体化生产体系

在图2-2中，智能企业利用物联网技术实现模具智能管理、智能设计、智能生产和智能服务的无缝对接。在智能生产中通过嵌入式的芯片、传感装置和通信模块，使得原材料、生产设备与控制软件联系在一起，生产产品和不同的加工设备实现互联互通，根据触发动作控制生产。不同企业通过横向网络集成整合生产加工所需物流资源，提高现有物流资源供应方的工作效率。模具智能制造企业与用户通过端到端集成网络实现互联，这种服务既包括生产前服务也包括生产后服务。生产前，用户可参与产品设计和跟踪产品加工过程，为实现用户大规模个性化定制提供了条件；生产后，企业可对产品实现远程监控与功能维护，及时为用户提供售后服务信息，使得第二产业与第三产业实现融合。模具产品全生命周期大制造生产体系有效缩短了模具产品的研发周期、使运营成本大大降低，提高了产品质量和生产效率，实现生产能源优化。

4. 生产模式从"企业主导大规模生产"向"用户主导大规模定制"转变

模具企业在市场经济条件下既是模具市场发展的主体，也是竞争的主体。企业间通过大规模生产降低生产成本以获得价格上的优势，通过大规模投入进行技术研发，企业开发出什么新产品用户就使用什么新产品，这种生产模式对生产资源造成很大的浪费。随着社会经济和高新技术的快速发展，模具企业所面临的社会环境越来越复杂，如全球制造的竞争及用户对产品个性化多样性需求都对模具制造业提出更高的要求，生产主导开始由卖方市场转向买方市场，满足用户需求的大规模定制应运而生。

智能制造模式下，模具企业的生产将根据在线用户的体验评价和新技术开发不断交互提出的各种创意进行产品创新。当今时代，有众多的用户聚集在社交媒体中，通过在线对产品进行评价、交流产品使用体验、提出产品改良建议等，对企业而言，用户发布的内容成为其他用户获取产品信息、了解产品功能、决定是否购买产品的参考依据，直接影响产品的销售。企业对用户体验大数据进行精准分析，可挖掘目标用户群体的需求、意见、建议等，这为新产品的研发和设计奠定了基础，同时，模具企业鼓励用户参与产品创意，对参与创意交互的用户或者资源均可免费分享未来上市新产品，这大大激发了用户的参与热情，为产品的创新带来更多的设计创新方案。

5. 生产驱动力从"要素驱动"向"产品信息驱动"转变

要素驱动是指依靠加大对生产要素，如人力、设备、原材料等的投入来促进企业的发展。企业的这种生产模式依靠过度消耗生产资源而发展，以牺牲环境资源为代价，生产成本高，产品附加值低。在同一条生产流水线只能生产一种产品，更换产品类型就必须更换生产线，同时生产线上要有足够的人力、设备和物料才能驱动生产。

随着信息化与工业化的深度融合，信息技术在生产中的作用越来越大，成为智能制造发展的主要驱动要素。目前，模具产品呈现结构复杂化、功能多样化、产品类型更换频繁等特点，模具智能制造生产模式下的生产线上包含多种产品生产信息，生产系统具备生产信息自感知，实时监测生产数据并做出智能分析，精准控制执行生产过程，根据生产情况进行自我配置等功能。生产线利用产品生产信息实现同一生产线生产多种产品的高度柔性，计算机集成制造技术使生产设备具备处理产品生产信息的能力，依靠产品生产信息实现产品的混搭生产，使生产效率大幅提升。

6. 生产方式从"产业集群化"向"网络化"转变

产业集群化生产是指集中在某一特定生产领域，由众多关系密切的不同企业分工合作进行生产的一种生产方式，产业集群的企业具有地理位置集中和内在关联的特征。随着企业生产环境污染严重、人口红利不断增加、生产技术更新频繁和知识外溢、产品外包等形式的影响，产业集群化生产企业为了进一步降低成本，增强市场和全球的竞争力和新产品技术研发能力，开始出现向网络化生产方式转变的趋势，以最大限度地获取外部支持。

网络化生产是指利用网络技术，将设计、生产、物流、销售等各类企业资源进行重新组合，形成互利互赢、协同制造、资源共享的动态企业联盟。这种生产方式能迅速反应市场需求，高质量、低成本地为用户提供个性化的产品和服务。目前，模具智能制造企业利用互联网、云制造平台、在线协同制造、全球制造等多种加工形式已实现了对客户产品的网络化协同生产。在企业内部，利用物联网技术对产品特性、生产成本、生产时间、物流等要素进行数据分析，然后以新的产业价值链重构生产体系中信息流、产品流、资金流，实现企业信息化管理、智能化设计、智能工艺分析、设备互联、精准控制产品质量等功能的集成，达到缩短产品研发及生产周期、减少生产资源的浪费、降低生产成本的目的，更好地迎合顾客需求。同时，使模具产品含有的高新技术含量越来越高，提升了产品的附加值。

7. 生产技术从"减材制造"向"增材制造"转变

减材制造是指利用机械加工使原材料不断减少的加工方法。这种生产技术所需机床、刀具、夹具、材料消耗都很大。随着模具产品向智能化、多样性的趋势发展，模具结构更加复杂，有些复杂的型腔模具可能会出现能设计但使用减材制造方法加工不出来的情形。

增材制造是指在加工过程中使原材料不断增加的加工方法，如3D打印技术便是增材制造的典范。3D打印技术是对材料进行逐层叠加制造三维物体的数字化增材制造技术，它是材料技术、光机电技术、控制技术、软件技术等发展到一定阶段相融合的产物，实现了"数字模型直接驱动成型制造"的生产方式和"快速设计、快速制造"的现代制造业新理念，被誉为"第三次工业革命最具标志性的生产工具"。3D打印技术与当今数字技术的结合开辟了新的前沿领域，它打破了减材制造模式的束缚，作为引领智能制造新技术的标志之一正风靡全球，受到全球制造业的热捧。美国的《时代》周刊将3D打印列为"美国十大增长最快的工业"之一。德国的3D打印联盟把3D打印技术进行大力推广，使德国的3D打印技术在全球处于领先的地位。英国已将3D打印技术全面应用到教育领域，向学生普及3D打印的相关课程。日本越来越多的大型常规产业开始使用3D打印技术，使该国的3D打印行业快速发展。我国在《中国制造2025》中指出：虚拟化技术、3D打印、工业互联网、大数据等技术将重构制造业技术体系。目前，3D打印技术在模具制造业中的应用越来越广泛，高职院校逐渐将3D打印技术引入教学中。

综上分析，信息技术、物联网技术与数字化制造等智能制造新技术不断被投入到模具制造业中，使模具制造业从企业功能、管理模式、驱动因素、生产方式等方面均发生巨大的变化，这种变化也引发了工作岗位需求的变化。

2.3　智能制造对高职模具专业就业岗位的影响

2.3.1　模具智能制造企业调研

为了进一步感知模具智能制造生产的变化，笔者实地调研了天津汽车模具有限公司、青岛海尔模具有限公司、成都西门子数字化工厂、深圳模德宝科技有限公司、珠海市郎冠精密模具有限公司等具备智能制造生产能力的企业，对各工作领域的工作内容及变化有了清晰的认识。本书从产品全生命周期的角度，将模具生产过程分生产前、生产中、生产后三个工作领域分析研究高职生就业岗位工作内容的变化。

1. 生产前工作领域

生产前主要工作任务是对生产进程的管理和模具产品加工前的准备。目前，模具产品更新速度快、客户频繁更改产品数据、产品质量的一致性控制等问题仅仅依靠人的经验难以进行有效管理与控制，因此，模具智能制造企业通过采用 ERP/MRPII/MES/PLM 智能软件来创建、组织、发布和管理详细的生产数据，对生产过程进行作业指导和实时监控，这样既减少人为经验因素，也增强了企业的信息化、规范化管理。由于采用软件管理，要求工作人员对工作流程清晰，特别是对软件的应用能力和信息化应用能力有较高的要求。模具智能制造企业采用的设计软件智能化程度相比传统设计软件提高很多，由于采用标准化、模块化的设计理念，标准化的结构不用设计直接从数据库中提取，这为培养高职生的设计能力提供了便利。同样，设计、工艺分析、自动编程与虚拟仿真一体化集成软件使加工程序的编制变得更容易。高职生就业岗位工作内容发生如下变化：

电子工单管理：模具智能制造企业采用软件对生产管理进行科学化规范，为高效地生产提供了科学依据，工作人员利用企业资源计划软件 ERP 制定主生产计划，并根据主生产计划生成物料需求计划清单；制造执行系统 MES 根据主生产计划生成合理、有效的电子工单，并制定车间生产计划与排产；基于产品全生命周期的 PLM 对车间在制品进行数据管理。生产各个环节的工作人员都能通过看板清楚自己的工作内容、工作要求和工作流程等，管理人员可实时监控电子工单的进度情况。

生产物资外协管理：模具产品逐渐向标准化、模块化方向发展，互联网为模具标准件和原材料的采购提供便利，利用互联网可对多家供应商提供信息，如对产品或原材料规格、精度、价格等进行对比、分析、筛选，并对筛选的数据进行实时维护、更新。工作人员能根据物料需求计划选择合适的供应商，并在企业内部数据平台对订购单进行录入、维护、合并等操作，从而实现由订购单生成采购单的操作。

智能化、标准化、模块化设计：模具智能制造企业使用的设计软件具备智能化、标准化、模块化和虚拟制造集成的特征。能利用 CAX（CAD、CAM、CAE、CAPP、CIM、CIMS、CAT、CAI）软件进行标准化、模块化设计后，可利用仿真模拟各种工况下的强度，用强度分析数据指导产品结构设计。模具智能设计已出现组织分散化的特征，包括协同设计、众包设计、虚拟设计等形式，如海尔集团通过其 HOPE 创新平台两年间共收集 12 万条用户的需求与创意，全球约有 1600 名设计师参与设计。目前，在创新平台注册的研发人员涉及食品、电子、家电等各领域共计 200 多万人。

编程与仿真：模具智能制造企业不但需要智能软件的支撑，也要高端智能装备的硬件支撑。原有的三轴数控加工设备已不能满足高精度模具产品的加工需求，多轴高端数控加工设备、3D 打印、工业机器人、GF + 等新型设备不断投入生产中，提高了加工效率与产品精度，这些都属于数字化制造的范畴，需要用程序控制设备的运行，程序传入设备之前需用仿真模拟设备运行状况，避免撞坏机床或刀具。

综上，生产前工作领域的重点在于对智能软件的熟练应用、智能装备的操作与维护以及新技术的应用能力。高职院校目前对该领域职业能力的培养涉及较少，多数未涉及，但从产品全生命周期一体化的角度看，这也属于应掌握的范畴。

2. 生产中工作领域

生产中主要工作是对智能柔性生产线可视化监控、数据采集及分析。智能生产是通过智能软件与自动加工技术融合，通过物联网技术使人、机床、产品加工信息融合，使人脱离生产现场，工作岗位由操作机床转变为对柔性生产线上数据的监控、采集、分析，利用产品信息自动驱动生产过程，实现生产高度自动化、少人化、黑灯操作模式。智能柔性生产线是物理层面与网络层面在"设备物联、人机互动、人工智能、可视化、分布式与嵌入式系统、硬件与软件连接"等领域的融合，加工设备实现联网通讯，将机床 – 程序 – 刀具 – 零件 – 检测对应起来，保证了加工程序的准确性和唯一性，物联网技术使柔性生产线实现高效、科学地跟踪与管理。在该领域高职生就业岗位工作内容发生如下变化：

智能柔性生产线网络化监控：智能生产通过物联网技术对生产状况实现了可视化监控，如生产数据可实时采集与分析，对某一模具产品，从原材料到成品，加工各个环节所用的时间、产品质量合格率等信息；对生产设备的可视化监控及数据采集，如五轴数控加工中心的开始准备时间、循环时间、加工时间、停机时间与空闲时间等，对工业机器人的定位、跟踪、调度；通过采集到的数据分析判断出生产参数的设置是否合理，并可进行远程参数设置等。

车间数据采集与分析：技术人员通过在线监控设备实时查询或连续查询某一阶段的设备运行状况，清楚柔性生产线的实际生产状况，利用采集的数据科学决策提高生产效率的方案，如应该在哪些环节上减少生产准备时间、加工等待时间和空闲时间等，还可以利用采集的数据将员工、设备、生产效率之间的对应关系进行近景分析，合理配置生产任务。

产品质量品质监控：加工质量是企业生存的生命线，模具产品多属于单件或少批量定制生产，减少废品率成为降低成本的重要因素之一。智能制造在模具产品生产过程中实时监测生产质量数据，根据数据异常分析问题关键所在并及时修复，生产高质量的产品除需要高端加工设备外，还需要精密检测设备，通过在线精密检测确保加工参数的正确性。

　　产品组装与测试：模具智能制造企业对模具产品的组装提出较高的企业标准，如有的模具企业不许装配时使用锉刀等修配工具，产品有问题返回到上一级加工部门，企业利用生产数据追踪问题产生的原因。所以，遵守企业标准，按照指定规范动作操作，能与他人或人机协同完成模具产品的组装与测试成为这一工作领域新的职业能力要求。

　　综上，具备生产数据分析能力并能从分析结果中找出原因是智能柔性生产线工作人员应该具备的能力。然而，此方面的内容在高职现有的教学中从未涉及过。

　　3. 生产后工作领域

　　生产后工作领域主要是主动为用户提供服务，这种服务是一种按需和主动的智能服务。生产与服务一体化是新出现的一种商业模式，对智能模具企业而言，其生产的智能模具产品装置了芯片，具备通信功能，售后的模具产品通过模信通可实现远程监控。高职生就业岗位工作内容发生如下变化：

　　智能模具的远程监控与运维：智能模具具有通信功能可以远程监控，这是与传统模具本质的区别，工作人员可以对用户智能模具的使用情况进行数据化管理，并根据对智能模具的远程监控情况提供维修服务建议，也可通过模具产品故障分析及用户诉求，发现企业潜在的问题。

　　智能模具的再制造：智能模具再制造是针对模具维修的，对有维修价值的模具首先能进行拆解，然后利用修复技术进行修复加工，需重新加工的部件可利用原图纸加工，没有原图纸或难以测量的零件可采用逆向成型技术与快速成型技术及时修复。

　　智能服务：这是一种主动的服务，用户可追踪物流信息，企业能提供技术服务，及时处理客户投诉及对用户使用过程中出现的问题提供解决方案。

　　综上，生产后工作领域的重点在于对产品进行远程监控并提供维修建议，以及迎合用户需求的服务。这既要有模具维修知识、物联网技术应用，也要有良好的沟通能力，此方面的综合内容在高职教学中鲜有涉及。

2.3.2　智能制造对高职模具专业就业岗位的影响

　　通过前期的文献资料查询和企业调研，研究发现智能制造不仅对模具制造业生产业态产生影响，而且对高职模具专业就业岗位业产生巨大的影响，具体如下：

1. 生产制造岗位向生产服务岗位转变

传统制造模式下的生产设备，如数控机床、线切割、电火花等是单一设备加工，生产制造岗位需要有很多操作工人，而智能制造模式下，模具企业将生产设备互联形成自动加工生产线，简单、重复的生产操作由工业机器人完成，员工仅负责对生产线上多台设备的监控，所需人员极少。因此，模具智能制造企业对高职生能从事的制造岗位大量削减了需求，被削减的高职生少数可以从事模具设计工作，多数向生产服务岗位迁移。

在传统制造模式下，生产与服务是相互独立的，售后服务根据客户要求进行现场的维护或维修。而智能制造利用新一代信息技术、网络技术将智能管理、智能生产、智能物流和智能服务形成一个信息物理系统 CPS，模具智能制造的产品向着"产品+增值服务"的方向发展，生产性服务业是与模具制造业直接相关的配套服务，是为保持模具制造业生产过程的连续性、促进产业升级、提高生产效率、提供保障服务的服务行业。生产与服务一体化是智能制造背景下新出现的企业特征，制造企业根据产品运行状况，为用户提供产品在线支持、实时维护与健康监测等远程智能化服务。模具制造企业对销售的模具产品实行远程监控及维护在不久的将来会成为一种常态，对模具产品实施预防性检测与维护，可有效降低模具产品的维修成本。如青岛海尔模具有限公司生产的智能化模具，使其具备通信功能，可实现远程监控。

综上分析，未来的远程运维、在线诊断、工业 APP、智能控制与服务平台等专业化服务将存在大量的人员需求缺口。因此，一种新的工作岗位将会产生，即生产服务性工作岗位，高职生在生产线的工作岗位从机床操作转向产品的远程监控、在线诊断和售后维修服务等服务性工作。

2. 单一工种岗位向复合能动岗位转变

模具企业传统制造模式集中在单一流程，如企业管理、模具设计、模具工艺制定、模具制造、模具装配与调试等，这种生产模式岗位内容固定，所以员工的岗位也是固定的。在智能制造背景下，模具生产环节从生产孤岛向产品全生命周期转变，如对产品信息化管理、智能设计、智能工艺分析、虚拟制造等生产环节，均是在企业统一的数据平台进行操作。随着智能制造模式下产品向个性化需求方向发展，使工作内容变得不确定，物联网将员工与生产形成一个整体，生产制造的各个环节联系更加紧密，企业员工的工作岗位界限变得越来越模糊，无论处于哪个岗位，不同的职业分工都要熟悉智能制造生产流程及工作内容。

模具智能制造模式下，生产线上技术含量低、简单的单一机械操作技能的岗位越来越少。物联网技术将高档数控设备、工业机器人、传感器、精密检测仪器等融入模具智能制造生产线上，要求从业人员对这些智能设备出现的问题能快速解决。随着产品的智能化使模具结构变得更加复杂，生产技术向高端技术升级，对从业者的专业化要求更高，职业层次明显提升，这就要求高职生从原有的单一工种岗位向具备处理复杂工作任务的复合能动岗位转变。

综上分析，模具智能制造工作内容的不确定性，对员工提出更高的要求，高职模具专业的学生，在生产线上既要具备操作、监控、维护的能力，还要具备团队合作与正确处理人际关系的能力；在模具设计岗位上要不断追求创新产品功能的能力及把设计成果转化为现实产品的能力。由此可见，随着技术的发展，高职学生既要具备基本的专业能力，还要具备收集、分析、处理生产信息能力和综合运用知识与经验的能力。

3. 技能型岗位向知识技能型岗位转变

模具传统制造模式强调固定岗位的技能性，但智能制造模式下对人的操作岗位越来越少。随着《中国制造2025》的提出，许多现有模具企业将进行信息化、工业化、智能化的改造，高端数控机床、智能装备、3D打印等将会普及应用，企业需要既能操作这些设备，也能调试、维护这些设备的专业人员。这不仅要求技术人员具备相应的操作技能，还要具备机械、自动控制、编程等多学科的知识能力。

模具智能制造是一个多学科相互融合的体系，打破了传统的学科界限，突出了知识在智能制造中的价值地位，对人才的需求趋势向知识技能型转化。模具智能制造企业既强调专业基础知识、新工艺、新材料、新技术及新设备的技术技能，也需要应用知识独立解决生产中复杂操作技术难题的能力。

综上，对高职生而言，需要有3D打印技术、物联网技术、数据分析技术、精密测量技术、信息技术等新兴技术的知识储备和对智能设备的操作、维护能力。因此，高职生的工作岗位将从原有的技能型向知识技能型转变。

4. 岗位个体独立向团队合作转变

模具企业为了提高工作效率，一般会从生产分工和专业化的角度来组织生产，正如亚当·斯密斯（Adam Smith）所言：分工不仅使劳动生产力获得最大的增进，并且可获得更熟练的劳动技巧。这种分工使工作岗位相对独立，也容易造成工作单调、枯燥，引起从业人员心理上的疲劳。

模具企业在智能制造模式下生产环节更加紧密，不同岗位之间需要更多的合作，个体工作内容变得更加丰富，人与人的合作使员工对工作不再感到单调、枯燥，并且工作虚拟化可实现任何地点、任何时间人与人的合作，如全球制造、云制造、协同制造等模式；另外，在模具智能生产线上将是人机合作，人与机器犹如同事关系，工作中相互交流、相互配合与合作，如通过工况在线感知周围生产信息、自动获取制造工艺知识、模拟人的脑力劳动进行生产决策等，最终完成产品生产任务。

综上所述，模具智能制造的工作内容出现复杂性及不确定性的特征，个人具备的技术技能与拥有的知识终究有限，要想在工作中有所作为，就需要发挥团队作用，相互间分工协作相互包容。高职生未来的工作岗位将从原有的工作独立向团队合作转变。

5. 工作岗位由相对岗位固定向流动岗位转变

多数模具企业的岗位管理形式是把人长期固定在一个岗位上，但随着智能制造技术在模具行业的广泛应用，使模具产业结构发生很大的变化，同时也带来就业岗位的变化。管理信息化和生产一线"机器人换人"造成这些岗位的"少人化"，但大数据分析、智能设计、智能服务、智能设备调试与维护等岗位用人需求增多。另外，新技术的应用，如高速切削技术、3D 打印、人机工效仿真、制造生产过程执行管理生产仿真、产品流的动态分析与静态分析等分布式生产模式，为小微企业和创业带来前所未有的发展机遇。

虽然机器人代替人提高了生产效率，但它只能代替简单、重复的机械劳动，那些需要复杂思考、创新及灵活性强的工作，仍然需要技术人员处理。在智能制造时代，制造业微笑曲线的中低端——组装、生产与销售等附加值降低，而微笑曲线的两端——研发设计和售后服务等附加值提升，成为价值链的前端和后端，因此，智能制造在模具企业的应用，使得模具企业将压缩微笑曲线的中端就业岗位，加大微笑曲线两端技术人员的支撑，从而增加许多新的工作岗位。

从上述分析可以看出，高职生从事的工作岗位由固定向流动、新岗位转变，未来的职业能力要求会越来越高。

2.4　本章小结

本章主要研究了智能制造对模具制造业及高职生就业岗位的影响和高职模具专业应对智能制造面临的挑战。首先分析了智能制造与智能工厂的特征，梳理了模具制造业的技术变迁，研究发现每次技术变迁都使得一线生产设备的操作能力变得简单化，而知识变得复杂化；其次分析智能制造对模具制造业的影响，分别从模具企业功能、企业管理、生产环节、生产模式、生产驱动、生产方式和生产技术等方面发生的变化进行了较充分的研究；再次到企业进行实地调研，分析智能制造对高职生就业岗位的影响，这些影响包括从生产制造岗位向生产服务岗位转变、从单一工种岗位向复合能动岗位转变、从技能型岗位向知识技能型岗位转变、从岗位个体独立向团队合作转变、从工作岗位由相对固定岗位向流动岗位转变等。

第三章

高职模具专业人才培养现状、挑战及国外职业教育发展策略与启示

高职模具专业属于制造领域的重点建设专业，国家示范校、骨干校建设任务有力促进了模具专业建设成效，如课程体系、双师型师资队伍、校企合作等均得到大幅提升，经多方评价，教学质量认可度较高。虽然，高职模具专业具备了较好的教学条件，但培养智能制造视域下高端技术技能人才还面临很多挑战，为此，本章选取了德国英国和澳大利亚职业教育应对智能制造的一些举措，进行借鉴。

3.1 高职模具专业人才培养现状

模具专业作为高职院校的老牌专业，专业建设得到了学校的足够重视，尤其是在国家示范校、骨干校建设中，购置教学设备、开发教学资源、建设双师型师资队伍等都有力促进了模具专业发展，校企合作不断深化，进一步保障了教学质量。

3.1.1 专业建设成效明显

模具制造业是国民经济的支柱产业，被称为"工业之母"。我国模具产品种类繁多，全国模具企业三万家，对模具从业人员有很大的需求。全国高职院校有三分之一的院校开设有《模具设计与制造》专业，为我国模具制造业的发展输送了大量人才。近十年，高职模具专业建设在国家示范校、骨干校建设中成效非常明显。国家在 2006~2015 年实施了"国家示范性高等职业院校建设计划"，支持 100 所高职院校建成了国家级示范校，100 所高职院校建成了国家级

骨干校，重点是在制造、航空航天、电子信息等领域，其中，模具专业属于制造领域的重点建设专业，在示范性建设过程中，模具专业教学条件得到提升，尤其是教学实训基地建设，各个学校均配备了现代化模具加工设备，如数控五轴加工中心、高速精密冲床、注塑机、折弯机、三坐标测量仪、3D打印机、三维扫描仪等，为高职生职业能力的培养提供设备与技术支持。实训基地在实践教学、职业能力培养、技能鉴定和生产技术服务等方面发挥了重要重要，并将职业教育"做中学、学中做"落到实处。实训基地采用企业管理模式，以企业产品为载体，以企业岗位能力要求为标准，营造企业生产氛围，使学生在职前受到良好的培训。同时，实训基地也为模具专业教师产学研能力的提升搭建了平台。教师在教学过程中要不断地研究先进生产设备的教学内容，逐步将书本知识与实践相结合，逐步开发相应的课程；先进生产设备引入教育领域，老师们利用先进设备积极开展有价值的课题研究和为企业进行生产服务等工作，在促进教学的同时也提升了科研与实践能力。

在示范校建设中，多数模具专业都建立了核心课程的精品课，它作为资源共享的示范课在专业建设初期起到很好的服务作用。随着不同群体对教学资源需求的多样性，客观上要求建设模具专业教学资源库，以获得专业知识更多的媒体素材、课件、试题、典型案例、常见问题解答等，教学资源库从整体上对课程内容进行优化重组，既可以帮助教师辅助教学，也可以帮助学生更好地自学相关知识内容，使学生对相关知识的认知得到提升。2012年，教育部要求高职院校向社会公布教学质量年度报告，宏观上要求模具专业教学质量逐年提高，对高职模具专业建设发展起到了积极地推动作用。高职模具专业每年都进行全国技能大赛，有许多模具专业的学生通过这个渠道升入本科，成为为学生进行学历提升的另一条途径。

目前，国家提出高职教育要为地方经济发展服务，各个高职院校模具专业都以模具产业发展要求重新定位人才培养目标，以学生就业为导向加强模具高端技术技能人才培养，以社会经济发展动态调整专业建设。

3.1.2　课程体系不断创新

课程体系是教与学相互作用的中间纽带，课程内容一方面制约着教学形式，另一方面又受制约于教学的培养目标。课程真正成为专门的研究领域，是在

1918 年美国课程理论家约翰·富兰克林·博比特（John Franklin Bobbitt）出版《课程》（The Curriculum）一书后才标志课程研究的诞生。1949 年，美国的拉尔夫·泰勒（Ralph. Tyler）在其撰写的著作《课程与教学的基本原理》中提出著名的"泰勒原理"，泰勒课程原理围绕教学目标、教学内容、教学组织和教学评价展开的，主要内容如下：（1）明确教学目标，即课程要达到哪些目标？（2）选择教学内容，即提供哪些知识可实现这些目标？（3）组织教学内容，即如何有效组织这些内容？（4）选择评价手段，即怎样保证这些目标得到实现？泰勒课程原理对高职课程体系不断改革奠定坚实的理论基础。

高职模具专业课程体系承载着模具专业人才培养的质量和培养规格的双重重任。高职模具专业理论课程体系一直在不断创新，主要有：（1）"理实一体化"课程体系。传统的职业教育"重理论，轻实践"，而"理实一体化"课程体系，使教师在讲授理论知识的过程中与实践相结合，注重培养学生用知识解决实际问题的能力，在实践中领会理论知识，降低了学生学后不知用在何处的情况，也从更多方面提升学生职业能力的培养；（2）"项目式"课程体系。学生选择上高职的目的就是为了获得一技之长，将来更好地就业。传统的教学模式以书本内容为主，这种静态的理论知识不能满足模具企业岗位要求，而"项目式"课程体系按照模具企业产品生产流程来安排并组织相应的教学内容，使学生了解模具产品的整个流程及各个职业岗位能力需求，为学生就业奠定基础；（3）"校企合作式"课程体系。传统的模具专业课程体系存在定位不准的弊端，而"校企合作式"课程体系，从企业"工作岗位能力"需求出发，核心课程的标准制定由企业专家、学校教师共同制定，所开设的其他专业课程内容根据企业实际需要设定，即课程体系与职业能力对接，这种课程体系根据工作岗位的职业能力安排相应的课程，更符合高职教育的特点。另外，随着在线学习平台的兴起，高职模具专业加快了从精品课到教学资源库建设速度，有些专业课程已实现教学资源共享，甚至有些高职院校已推出网络学习平台，这些教学手段，一是有利于学生反复学习课程内容；二是课程内容受到社会监督，有利于加强教师对教学内容的优化。

随着《中国制造 2025》的提出，模具制造业将以智能制造为核心进行产业结构升级，模具企业对人才的需求规格更高。课程体系是实现教学活动和人才培养目标的关键，高职院校为模具智能制造业培养高端技术技能人才，就必须使课程内容适应时代要求，根据新的职业能力确立课程目标，对课程内容进行重新架构。

3.1.3 双师型队伍不断优化

双师型教师是既具备较扎实的专业理论知识又具备较强实践动手能力的教师，他们对提高教学质量和实现人才培养目标起到关键的作用。双师型教师队伍是指具有相同的教学愿景、与时俱进的教学理念、结构优化的专业教学团队，它不是双师型教师的简单叠加。双师型教师队伍不但承担培养高端技术技能人才的重任，也承担推动技术发展的社会责任，他们需要把先进的理论知识和技术融入到教学或企业服务中，在教学或实践中，不断实现自我价值。

模具专业融合多门学科，包含模具、机械加工、精密检测、3D 打印等先进制造技术，迫切需要能胜任教学任务、具备较高操作技能及拥有创新创业能力的双师型教师队伍来承担。目前，高职院校模具专业双师型教师实践能力弱是普遍存在的问题，教师多是从一个校门进另一个校门，缺乏企业实践经验。目前，多数高职院校从模具企业应聘了一些技术人员作为外聘教师，这部分兼职教师和专任教师合作，使模具专业双师型教师在教学中积累了不少工程经验，双师型教师队伍不断优化，对提高教学质量起到积极的促进作用。

2016 年，教育部等七部门印发《职业学校教师企业实践规定》，明确规定了职业学校教师去企业实践的具体要求，如实践内容与形式、实践后的考核与奖惩、企业实践的保障措施等，为职业院校教师理论与实践教学能力双提升提供了制度保障，也促进了高职模具专业双师型教师队伍整体教学水平的提高。有些高职模具专业双师型教师已积极深入企业开展项目研究，与模具企业技术人员共同研发新产品，为模具企业开展技术服务；有些高职院校为模具专业学科带头人建立"大师工作室"，促进教师通过产学研结合，提升双师型师资队伍建设；有些高职院校模具专业双师型教师带领学生进行创新创业大赛，收到良好的成绩，如天津电子信息职业技术学院高职模具专业学生在 2013 年天津市三维数字化创新设计大赛中获得特等奖，在 2016 年天津市职业院校创新创效创业"挑战杯——彩虹人生"大赛中的参赛作品《3D 打印精密医疗器械》荣获一等奖。另外，多数高职院校对新入职的师资学历已提升为硕士层次，有些高职院校的在任模具专业双师型教师已在进修博士，教师队伍从学历层次上升一个台阶。

随着模具制造业向智能制造转型速度加快，他们急需大量高端技术技能人才，而双师型教师承担着为模具企业培养人才的使命，他们不但要储备模具专业的知识，还要具备跨专业的知识和技能，在工作中要充分发挥自我发展的能动性和创新性。

3.1.4　校企合作不断深化

校企合作是高等职业教育近年来采取的一种教学形式，由学校与企业共同合作培养高素质技术技能人才。2011 年，国家制定了《国家中长期教育改革和发展规划纲要（2010 - 2020）》，纲要中提出了《关于充分发挥行业指导作用推进职业教育改革发展的意见》，这些文件有利推动了高职院校与企业合作共赢的教学模式。高职模具专业纷纷与相关企业联合进行教学改革，共同制定模具专业人才培养方案，共同开发核心课程的教学标准，模具专业教师到企业进行实践，企业技术人员充实到教学队伍中，每年 12 月份，模具行业组织牵头指导举办全国职业院校模具技能大赛，推进模具企业参与职业教育，校企合作发展不断深化。

高职模具专业实训教学环境是培养模具专业学生实践能力的重要场所，实训环境包括软件和硬件环境，多数学校的软件环境能满足培训需求，但硬件环境与企业的生产环境差距很大，尤其是高档数控设备、精密检测设备、注塑机设备、3D 打印设备等，需要学校投入巨资，先进的设备动辄上百万，学校的财力难以为继，另外，学校设备多落后于企业，最终使得学校对人才的培养滞后于企业需求。2016 年，教育部发出《关于加快高等职业教育改革　促进高等职业院校毕业生就业的通知》，通知要求高职院校的学生要到企业顶岗实习半年，这项规定促进了高职院校与模具企业的联合与协作，增强了学生任职前的技术技能培训，大力提升了高职模具专业学生的技能操作水平。

校企合作在高职教学中取得一些成绩，但目前的校企合作属于浅层次的合作，有些合作基础并不稳定，在合作过程中也存在一些问题，如政府对参与校企合作的企业没有像发达国家那样给予大的优惠政策，致使企业对校企合作不够积极；学校对校企合作的管理存在缺陷等。在智能制造背景下的高职模具专业离不开企业的参与，今后应积极促进校企合作的深层次合作，双方达成合作共赢的机制，使校企合作更加深化。

3.1.5　教学质量不断提升

2008 年，教育部在全国开展第二轮高职评估工作，形成了政府、学校和社会多元参与的教学质量保障体系，从宏观上加强了对高职模具专业人才培养质量的监督与管理。2012 年，国家要求高职院校向社会公开教学质量年度报告，接受社会监督，这成为高职院校展示模具专业人才培养质量的窗口，客观上增强了高职院校提高教学质量的动力。2015 年，教育部提出《高等职业院校内部质量保证体系诊断与改进指导方案（试行）》，高职院校内部专业建设诊断改进制度的构建，进一步保证了高职模具专业教学质量的不断提升。同年，教育部新修订的高职（专科）专业目录（2015）明确提出《模具设计与制造专业》的培养目标，对高职模具专业要"培养什么样的人"提出统一要求。目前，北京、天津、浙江等省市正在积极建设"优质专科高等职业院校"项目，模具专业作为高职院校重点专业，积极与地方经济发展对接，不断增强为社会服务的能力。

综上可以看出，高职模具专业在专业建设、课程体系建设、双师型师资队伍建设、校企合作、教学质量等方面已取得显著成效，为智能制造时代的教学改革奠定了良好的基础。

3.2　高职模具专业应对智能制造的挑战

虽然，高职模具专业经历了示范校或骨干校建设有了较好的教学基础，但培养智能制造视域下高端技术技能人才还面临很多挑战，如人才培养规格、课程体系、师资队伍和实训环境建设等。

3.2.1　人才培养规格

模具智能制造生产过程集信息化、工业化、智能化涵盖产品全生命周期，对技术技能人员拥有的知识体系提出"弹性"要求，既要懂技术，又要能用知识解决复杂问题。随着模具智能制造企业知识、技术更新的速度越来越快，产品生产周期越来越短，模具智能制造逐渐淘汰靠经验生产的传统模式，新技术、新模式不断融入生产中，模具智能制造企业所需人才规格呈现多元化趋势，即具有职业迁移能力、信息技术应用能力、智能制造技术应用能力、解决问题的综合能力和创新思维能力等。

1. 职业迁移能力

模具智能制造过程中每台设备的使用由智能化系统控制，无需人工干涉，使企业的生产效率大幅提升，企业已不再需要大量技术含量低、缺乏创新的普通生产操作型劳动者，他们需要能熟练使用各类工业软件进行智能化生产的从业人员，这类人员的知识层次和素质更高。另外，模具智能制造企业加工生产线已实现自动化生产，高档数控设备、智能设备的操作与维护需要专业技能人员保障生产线的正常运行，维护人员要具备计算机网络知识、数据采集、计算机监控和设备维护的能力。目前，纯粹的计算机编程人员不懂模具生产工艺，懂模具生产的人员不会编程，所以模具企业员工的综合素质影响企业的快速转型，因此，模具企业在转型期会需要既懂编程又懂生产的复合型人才。越来越多的模具制造企业更加看重多元、复合型人才在制造岗位的应用，尤其是从事工艺优化、生产布局、机器人加工过程动态仿真等新的技能岗位。数字化车间和智能工厂的出现，会有很多的仿真平台运行，人们要具备利用仿真数据分析人机工效、生产过程管理、库存分析等静态与动态的分析能力，以便更好地做出决策。这些均是新的职业能力要求。

2. 信息技术应用能力

模具智能制造企业通过信息技术使模具项目管理实现集成化，提高了企业的工作效率和市场竞争力。高层管理人员可以从繁杂的、重复性的劳动中解放出来，能有更多的时间关注企业的发展方向，不断开拓更广阔的市场；技术主管能有更多时间关注模具新技术的发展，不断提升模具企业的技术应用水平；生产主管能有更多的时间考虑如何提升产品质量和降低生产成本；销售人员可以进一步加强管理客户关系，寻找新的客户资源。信息化使原有的工作任务变得快捷、方便，如原有的接单、制定和下达生产任务、跟踪、协调、执行生产计划、外协管理等工作，在企业内部数据平台可一目了然地查询各项工作，减少原有工作模式下工作计划经常拖延的现象。智能制造模式下模具生产管理能力相比传统模式要求有较高的计算机应用能力、数据分析能力和网络信息应用能力。因此，高职生要具备利用信息技术处理问题的能力。

3. 智能制造新技术应用能力

模具智能制造生产线利用物联网技术、高效自动柔性化装夹技术、信息化技术、机器人技术等实现自动化生产，生产线上的高端智能加工设备不断投入生产中，作为蕴含"设计思维"的 3D 打印技术必将成为模具制造业技术创新不可缺少的元素。随着精密制造技术在模具制造业的应用，模具精密产品的加工精度已由"毫米级"向"纳米级"提升，对测量技术的精确度要求越来越高，精密测量技术是保障精密制造技术的关键和基础。由于越来越多的智能化产品具备了更多的功能，使模具产品变得更加复杂，生产技术向高端技术升级，信息化与制造新技术的融合使传统的模具生产过程各个环节都发生了变化。因此，高职生要具备智能制造新技术的应用能力。

4. 解决问题的综合能力

随着模具智能制造业进入转型发展期，新技术、新业态、新设备等的应用需要员工具备解决问题的综合能力。如模具企业内部的管理信息化需要信息能力；模具智能设计可实现设计、仿真、排产与虚拟制造一体化，可拆设计、绿色设计、协同设计、云平台设计等新的设计形式要求具备综合设计能力、良好的职业素养和协同合作能力；模具智能设备的使用与维护需要机械、自动化、通信等多学科知识；精密产品的检测需要精湛的测量能力；生产服务需要良好的沟通能力；产品功能的多样性需要创新能力等等。模具智能制造打破了传统的学科界限，对人才的需求由单一学科向跨学科转变，高职生也要具有跨学科的综合应用技术能力。由此可见，智能制造视域下的高职生需要具备解决问题的综合能力。

5. 创新思维能力

随着个性化产品定制的发展，顾客需求体现在对产品功能的多样性，未来的模具设计可能会出现没有模板可循，人的创新能力将越来越凸显。大数据和云平台制造服务的技术支持，打破模具"小而全"的工厂模式，逐渐向"小而精"的方向发展，以顾客需求为中心的物联网生态圈将推动企业进入创新的时代。模具技术人员要具备利用互联网技术收集客户需求数据的创新能力，这种创新能力将更有发展前途。因此，培养高职生的创新思维和创新意识是非常必要的。

综上，智能制造视域下高职生除具备职业迁移能力外，还要具备企业信息化管理、生产数据采集与分析能力、物联网技术应用、智能模具的远程监控与运维服务等能力，人才培养规格的多元化使高职模具专业面临不小的挑战。

3.2.2　课程体系

智能制造是多学科相互交叉融合的领域，在智能制造视域下，高职模具专业的课程体系不仅需要具备综合的模具专业知识，还要具备信息化管理、物联网技术、过程控制理论和大数据等知识。

1. 综合的专业知识

模具专业在智能制造视域下所传授的知识相对传统制造显得更复杂，要使学生了解企业智能管理、智能设计、智能生产和智能服务的相关知识。模具智能制造企业从注重生产流程单一环节向加强产品全生命周期生产流程的转变，普遍采用智能软件对产品生产进行信息化管理。标准化、模块化、协同化设计、CAE 分析，虚拟现实技术可动态地模拟产品在全生命周期各个环节对设计的影响，预测产品设计的可行性、评价产品性能、检测产品质量等，有效地降低前期设计对后期制造造成的回溯更改。虚拟制造、高度柔性的智能工序、生产数据实时采集与分析、在线精密检测等技术融入智能生产中，数字化制造技术已经成为提高模具产品质量和企业竞争力非常重要的手段，数字化设计、分析、加工、资源管理等技术成为数字化模具制造的支撑技术。智能服务主要体现在模具远程运维、提供维修建议及技术服务等。高职学生应具备模具产品全生命周期各个环节的综合专业知识，有些知识在现有的教学中已涉及，但多数没有涉及。

2. 信息化技术知识

信息化技术融入模具项目管理中，解决了原有的人员管理难题，通过红绿灯看板直观显示各项任务的完成情况，包括程序、刀具、电极准备的阶段信息，如程序编制、程序格式转换、刀具配送、电极加工等信息，可集成短信平台对任务进行催办，提高现场管理效率。以海尔模具有限公司为例，现企业已利用信息化技术进行报价、项目管理、生产排程、监控、质量检测、采购、仓库存储管理、成本管理等，解决了企业的延期问题。信息化技术应用在生产车间，以智能机器人为核心，实现模具零件在同类设备上的自动化装夹、加工与检测，包括自动检测编程、电火花编程、电极全生命周期管理、数控加工管理、电火花加工管理、线切割加工管理等，大幅提高设备的利用率并大幅减少车间操作人员。信息化与工业化融合技术（简称两化融合）使模具企业生产环境发生了改变，原有的独立生产设备通过信息化技术形成智能的 MES 系统（Manufacturing Execution System，制造执行系统），设备间具有通信功能，能实现自动化生产，减少了人为的干预。

综上，信息化已成为模具企业生存与发展的必由之路。模具企业在信息化驱动下，管理、设计、生产、服务等模式均发生改变，因此，高职模具专业应提高学生对信息技术的应用水平，使他们成为企业信息技术的真正拥有者和使用者。

3. 物联网知识

随着世界各国制造业发展战略的提出，如美国提出"工业互联网"、德国提出"工业 4.0"、中国提出"中国制造 2025"，虽然各国战略侧重点不同，但其生产体系都离不开两个层次的互联（异构设备的互联、信息技术与运营技术的互联）、数据采集与分析、基于生产服务功能的实现等，这些都需要物联网技术的支撑。智能制造只有依靠物联网技术才能打通产品全生命周期一体化生产体系的转变。

模具智能制造企业利用物联网与上游客户沟通，与下游物料供应商相连，在企业内部利用物联网技术将各种资源集成，实现人与机器、机器与机器、机器与产品生产信息的连接。传统制造模式以产品为中心，智能制造模式以用户的个性化需求为中心，通过物联网技术将用户、智能工厂、物料供应商等动态互联，形成可视化的生产流程，最终提供满足用户个性化的产品。过去的工业生产过程都是线性的，而现在的新型生产呈现出复杂的网络化特征。目前，模具制造业正向智能制造方向转型，在智能生产中，利用物联网技术，通过各种传感器远程监控和感知设备运行状况，通过产品生产数据信息进行设备交互，并模拟人的思维对生产情况做出相应的判断。

综上，智能制造将人、机、物利用物联网连在一起，通过射频技术、无线通信网络形成一个可自由跳转的实时共享的多组织系统，相互间可实现融合、协同及可视化的功能。因此，在智能制造视域下，高职模具专业学生应具备物联网基本知识。

4. 过程控制知识

模具智能制造企业柔性生产线利用高效自动化装夹技术、过程控制技术、工业机器人技术等实现生产过程自动化，生产制造岗位对工人的操作技能需求降低，转而变为对生产流程的监控。如在生产过程中要对生产数据进行采集、分析与监控，通过采集到的数据分析出影响产品质量的因素，减少产品质量的波动，通过生产参数优化等措施降低出现废品的风险；除对生产质量进行监控外，还要对多元数据进行统计、监控，如生产物料的平衡、设备及仪表的运行、现场生产数据的采集，将员工、设备、生产效率之间的对应关系进行近景分析，合理配置生产任务等。

生产自动化是智能制造的重要组成部分。由于模具产品属于单件、小批量订单，生产线要对混搭生产的产品信息迅速做出反应，必须使生产线实现加工自动化。同时，为了提高产品质量与精度，生产过程减少人为因素的干扰，生产线上应用了许多自动化技术，如传感技术、射频识别技术、嵌入式控制技术、通信技术、精密传动装置等。

综上，随着信息技术、网络技术等融入模具智能制造中，使过程控制系统的结构越来越复杂，系统内部存在复杂的关联，系统外部还有大量的流通信息。而智能制造是以智能优化生产工艺与生产流程为特征的制造模式，过程工业控制是实现生产全流程智能优化的基础。高职模具专业学生作为生产线上的运行工程师需要观察运行工况并根据运行数据判断工况的异常，过程控制对提高产品质量及降低成本起着非常重要的作用，因此，在智能制造视域下，高职生应具备过程控制的相关知识。

5. 大数据知识

随着产品个性化需求不同，产品信息也不同，这就构成了产品需求的大数据。基于生产项目的大数据，如企业资源规划、射频识别、产品信息传递等在智能生产线上高速运转，形成生产工业大数据，通过分析这些数据可判断生产运行情况。用户与模具企业间的交互也将产生大量数据，通过分析和挖掘这些动态数据，可为产品创新提供素材。另外，当模具产品定制数据达到一定的数量级时，通过数据分析可预测产品流行趋势，灵活配置物料资源，利用工业大数据进行预测才能更好地实现大规模定制生产。

综上分析，大数据的主要来源和应用都是来自企业内部，具体而言，产品开发方面，利用大数据更准确挖掘用户的使用行为，开发产品新功能；生产方面，通过大数据分析提高生产效率和产品质量，优化生产资源的投入，降低生产成本；供应链方面，提高物流速度，优化供需匹配；销售方面，通过大数据比较，优化商品价格；服务方面，利用大数据分析客户满意度，提升服务质量。因此，智能制造时代的高职生应具备工业大数据的相关知识。

由此可见，高职模具专业课程要随科技的进步而改变，但跨学科的课程体系使高职模具专业面临不小的挑战。

3.2.3　师资队伍

智能制造视域下的模具专任教师不但要储备本专业的知识，还要具备跨专业复合性的知识和技能，单一的模具专业知识储备显然难以胜任智能制造视域下的教学要求。智能制造是工业化与信息化两化融合的产物，柔性技术、移动互联网、云计算、数字工厂、物联网成为制造业的重要表现形式，教师要具备将"信息技术与模具制造技术"融合的职业能力。技术融合是指工业技术与信息技术的融合，产生新的技术，推动技术创新。例如，机械技术和电子技术融合产生的机械电子技术，工业和计算机控制技术融合产生的工业控制技术。从产业演变来看，智能制造将使传统的生产型制造向服务型制造转变，服务型制造是制造与服务融合发展的新型产业形态，是制造业转型升级的重要方向。也就是说制造业向微笑曲线两端延伸，使制造业从以加工组装为主向"制造＋服务"转型，从单纯出售产品向出售"产品＋服务"转变。智能制造条件下，生产制造完全实现了自动化，高职院校学生就业岗位更多地从产中的生产制造向生产前、生产中、生产后服务领域延伸，要求教师掌握智能制造和服务领域相关的知识和技能，把"生产性、服务性知识和技能"进行融合。教师"双融"职业能力的高低使课程内容的传授和学生职业能力的养成受到很大的影响。

虽然，模具专业教师对传统模具设计与制造有一定的理论与实践的基础，但对智能制造缺乏了解，模具专业的教师队伍还不能满足模具智能制造企业的发展需求，尤其是跨学科教师严重不足的问题非常突出。我国从事职业教育的教师相比德国从事职业教育的教师而言，既缺少职前的实习阶段，也缺少职后的企业实践环节。另外，国外的许多职业院校非常注重教师的进修系统建设，不仅注重教师学历的提升教育，更注重教师对行业动态的掌握。因此，针对现有的问题，我们应该加快对模具专业老师进行实践能力的培训，使模具专业老师首先了解智能制造生产过程，然后使其具备实际操作经验，最后才能实现模具专业建设改革。另外，学校在人才引进中，不但要注重学历，更重要的是看他是否具有丰富的模具工程实践经历，使师资队伍保持教学与行业发展的相对平衡。

综上，随着模具制造业向智能制造方向转型速度加快，急需大量高端技术技能人才，双师型教师队伍在一定程度上代表着职业教育的师资水平，承担着为实现中国制造强国培养人才的使命，但这种使命使他们面临不小的挑战，他们需顺应潮流不断加强自我发展，努力提升自己的专业技术水平，更需传承大国工匠精神，为实现中国梦而贡献自己的一份力量。

3.2.4　实训环境

高职院校在长期的实践教学中得出这样一个结论，那就是必须把基础性的实践教学放在校内进行，以校内实训设施为主体培养学生的职业能力。模具智能制造是利用互联网、物联网、大数据、自动化加工等技术，将模具制造生命周期的各个系统连接在一起，同时，利用最新的通信技术和计算机技术，将不在同一车间的设备、独立的计算机、移动通信设备等各种应用终端相互连接，形成基于物联网的智能制造系统，可实现线上线下实时交互、数据采集、自动排产、可视化监控、远程诊断等功能。高职院校实训环境完全复制企业智能生产过程面临巨大的挑战，这种挑战可能是无法完成的挑战，因此，有些职业能力的培养需要到企业完成。

高职模具专业为模具企业提供人力资源，培养的学生所拥有的高端技术技能水平会影响模具行业发展，因此，两者只有相互合作，才能推动模具行业有序发展。模具企业与高职模具专业融合，是高职院校为提高其人才培养质量而与企业开展的深度融合，这种融合主要包括学校与企业融合、专业建设与模具企业技术发展融合、课程内容与职业能力融合。

从高职人才培养质量角度看，高职院校为保证人才培养质量，仅依靠学校的教学资源，难以高标准地实现对智能制造时代人才培养的使命。通过产教融合，高职主动为企业提供员工培训和技术服务支持，模具企业对高职模具专业明确专业知识、职业技能和职业素养的基本要求，这种合作模式是高职院校提高人才培养质量有效选择。

从被培养人的角度看，学生选择高职教育，其主要目的是获得技术技能将来能更好地就业。然而，技术技能的获得与学科知识的获得方式不同，它需要在具体的工作环境中不断进行操练和经验的积累，而不是依靠理解和记忆。目前，高职院校的加工设备落后于智能模具企业生产设备，难以完全营造智能制造实训环境。学生去企业实践，企业出于安全考虑，很少让学生动手操作，只看不操作的实践严重影响了技术技能的提高。并且能教授跨学科的理论知识、模具智能生产过程、智能模具产品研发的教师很少，这势必会影响学生技术技能水平。

综上，模具智能制造生产模式已经在一些企业开始运行，但整个模具企业的转型和升级急需大批高端技术技能人才的支持。目前，高职教育滞后企业技术发展，当务之急是国家教育部门应优选一些教学条件好的高职院校进行资金扶持，加快校内实训基地建设。另外，高职模具专业在发展过程中应加强校企合作，校企产教融合，让学生参与企业生产，在具体的实际工作中培养他们综合技术技能和创新意识，使其技能发展呈现螺旋式上升。同时加强校外实训基地建设，努力为模具智能制造企业做好人才对接。

3.3　国外发达国家职业教育应对智能制造的发展策略及启示

世界新一轮科技革命和产业革命悄然而至，智能制造技术呈现出革命性的突破，一些发达国家为应对智能制造，纷纷在职业教育领域进行人才培养模式改革，积极探索智能制造时代人才培养之路，如德国和英国均从国家层面积极支持智能制造时代人才培养，他们的有些策略值得我们借鉴。

3.3.1　德国职业教育契合工业 4.0 的发展策略与启示

1. 工业 4.0 概述

工业 4.0 是德国于 2013 年 4 月在汉诺威展览会会首次提出的，此概念一经提出就受到全世界的关注。工业 4.0 的生产理念是将与生产有关的各个环节利用物联网技术连成一个信息物理系统网络（Cyber – Physical Systems，CPS）④，该网络可实现企业内部互联、企业与企业互联、企业与用户互联。德国工业 4.0 战略要点由"1 个网络、4 大主题、3 项集成和 8 项计划"构成，即"1438"架构，如图 3 – 1 所示。

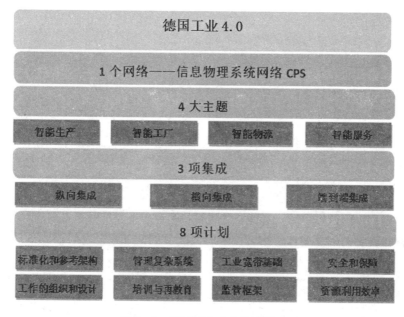

图 3 – 1 德国工业 4.0 战略要点

"智能工厂"与"智能生产"是在企业内部的主要表现形式。在"智能工厂"中利用物联网技术实现工程设计、制造、生产控制、内部物流等无缝对接，企业内部通过纵向集成网络将各个生产环节的数据信息都纳入企业内部的数据平台中，更新数据平台信息可实现企业内部不同部门同步更新。智能工厂中的加工程序与设备互联，设备与设备互联使之具有通信功能，在生产过程中可自主控制生产过程，有效降低机床的空闲，显著提高生产效率。"工业 4.0"战略的实施能够在 5 年内平均提高工厂生产效率近 18%，有效减少工厂资源浪费达

---

④ ［德］乌尔里希著. 工业 4.0 ［M］. 机械工业出版社，2014 年版.

14%。⑤ 在"智能工厂"中传统的人力操作机器逐步被智能工厂一体化系统取代，它是高度自动化和高度信息化深度融合，智能化机器负责产品的整个生产过程。在"智能生产"中每个产品将会有自己的标签，生产设备被预先确定，在生产线上通过扫码获取其相关加工信息。传统的同一生产线只能生产单一产品被多种产品混合生产所取代，成都西门子数字化工厂按照德国工业 4.0 模式已实现同一生产线可生产 50 多种不同的产品，利用可视化虚拟制造技术，将无差错的产品进行实体加工，实现产品合格率达 99.9999%，并且生产员工可通过移动通信设备监控生产过程。"智能生产"通过嵌入式的处理器、存储器、传感器和通信模块，把设备、产品、原材料、软件联系在一起，使得产品和不同的生产设备能够互联互通并交换命令，触发相应动作并控制生产。部分机器设备甚至可以直接进行数据传输，自主决定后续的生产步骤，从而形成网络化分布式、高效灵活的立体生产系统，最终实现"智能生产"。⑥

"智能物流"是不同企业之间通过横向集成网络整合生产加工所需物流资源，提高现有物流资源供应方的工作效率，使得需求方能够快速获得物料匹配，缩短生产准备时间。随着云制造技术的快速发展，未来企业间合作不仅仅局限于本地、本国，还会向全球发展。

企业与用户互联通过端到端集成网络实现"智能服务"，这种服务既包括生产前服务也包括生产后服务。生产前，用户可参与个性化产品设计，这也是未来的发展趋势。用户可跟踪产品加工过程，智能服务使用户在生产前甚至在生产过程中最后一分钟变更需求成为可能，它充分体现了未来制造业的智能化、动态化。生产后的智能服务体现在对产品的远程监控与维护功能，及时为用户提供售后服务信息。

德国提出"工业4.0"后，只有少部分企业能按照工业 4.0 的理念去转型，德国和我国一样，还有部分企业处于"工业 2.0"或"工业 3.0"阶段，但德国制造业整体水平要好于我国。德国为了保证工业 4.0 的顺利实施，提出未来的八项计划，即标准化和参考架构、管理复杂系统、工业宽带基础、安全和保障、

---

⑤ Volkmar Koch, Simon Kuge, Dr. Reinhard Geissbauer, Stefan Schrauf. Industry 4.0 Opportunities and hallenges of the Industrial Internet ［R］. Germany：Strategy&，PWC，2014：3

⑥ 胡茂波、王运转、朱梦玫，德国职业教育契合"工业 4.0"发展的策略及启示［J］. 职业教育，2016.10

工作的组织和设计、培训与再教育、监管框架、资源利用效率，为德国企业的发展提供参考框架。

2. 工业 4.0 对德国制造业的影响

（1）工作岗位空缺严重

德国工业 4.0 的实施使得企业对现代互联网技术和智能制造技术人才的需求急剧上升，德国企业现有人才为固定生产线机器的操作者，难以满足工业 4.0 对生产流程掌控者的发展要求，德国工商总会主席德里弗特曼表示，目前约有 130 万个岗位空缺时间超过 2 个月。德国在 2013 年提前终止合同的人数达到 14.89 万人，比 2012 年同比增长 25%，企业发展要求员工具备数据科学、软件开发、硬件工程、测试、运营及营销等岗位能力，然而，多数员工不能胜任或者企业破产等是导致岗位空缺的主要原因。[⑦] 在 2014 年注册申请培训的人数达到 8.12 万人，其中有 6 万多人对自己当前的工作岗位不满意，申请新的岗位培训。

（2）工作岗位的变化

工业 4.0 突出特征是智能化、数字化和网络化。随着德国工业 4.0 从概念设计走向实践，企业人才结构和生产特征出现新的变化。生产一线对熟练工种的需求量越来越少，员工除具备原有的技术技能知识外，还要具备数据信息处理能力、创新能力和处理问题的决策能力，一线员工的岗位能力一旦下降或断裂，将严重影响整个生产线的生产，因此，复合型高端技术性人才成为企业的迫切需求。2015 年 12 月，德国联邦职教研究所发布的《工业 4.0 及其带来的经济和劳动力市场变化》报告预计，到 2025 年，工业 4.0 将创造 43 万个新的生产岗位，同时有超过 49 万个传统工作岗位将会消失，6 万个工作岗位被智能机器代替。[⑧] 随着德国未来产业结构的变化，到 2020 年农业和传统制造业将消减 20 万个工作岗位；而受家庭消费增加的影响，生产服务业将创造 14 万个就业岗位以满足工业 4.0 的个性化生产需求。德国制造业受工业 4.0 的影响，其生产模式由

---

⑦ Federal Institute for Vocational Education and Training（BIBB）. VET Data Report Germany 2014 ［R］. Germany：Bundesinstitut für Berufsbildung, 2015：31.

⑧ Federal Institute for Vocational Education and Training（BIBB）. Industry 4.0 and The Consequences For Labour Market and Economy ［R］. Germany：Bundesinstitut für Berufsbildung, 2015：8.

单一的生产制造逐渐向生产服务型产业转变，这必将有大批生产服务型人才从事智能制造的配套工作，从而使劳动力的工作岗位发生变化。

（3）工作能力的变化

德国的职业技术人员只有获得相关专业证书以后才能进入国家认可的职业行列，他们原有的专业化分工的流水线工作能力已不能适应工业4.0对职业技术人员工作能力的要求。生产高度自动化和生产流程的扁平化组织形式需要交叉运用多种高新科学技术，这就要求操作人员具备跨学科的知识储备和解决生产系统问题的能力，因此，对生产技术人员知识的广度提出新的要求；同时，智能制造新技术的广泛运用也要求工业4.0时代的技术人员从简单的操作层面转向更为复杂的生产流程优化、工艺改良、新产品创新、与他人协调合作和数据处理软硬件的应用等多个层面；不同行业之间的界限变得越来越模糊，这也使得职业技术人员要具备更为多元化的基础知识、灵活的专业技能、面对复杂工作的应变能力以及获取新知识的方式方法⑨。这些都是德国职业技术人员为适应工业4.0发展所必须具备的工作能力。同时，德国工商业公会（DIHK）指出，德国职业教育在未来的发展过程中需要培养更多的"弹性化"人才，即德国未来制造业需要的不再是专精于单一技术（mono‐skill）的人才，而是能够灵活运用多元技术（multi‐skill）的复合型人才，特别是生产过程规划与准备、生产设施架构与调试、生产过程监控与安全、相关负责服务等方面的人才⑩。另外，随着消费者对产品个性化定制要求的不断提高，职业技术人员需要在智能制造生产过程中具备一定的艺术素养。

（4）对企业员工培训内容的变化

德国联邦政府为使企业员工快速适应工业4.0的发展要求，德国联邦联合企业将信息技术作为员工重点强化培训内容，把IT专员、IT系统电子工程师、IT系统销售员、IT销售员作为"工业4.0"整个价值链、生产链的基础性人才进行培养。⑪另外，德国政府为了保证中小企业与大企业有相同的发展速度，

---

⑨　吕芳. 工业4.0背景下德国职业技术人才培养转向. 世界教育信息，2017.9

⑩　Industry 4.0: the Digitization of the Economy [EB/OL]. http://www.bmwi.de/EN/Top-ics/Economy/Industrialpolicy/industry 4.0. html，2016.5.

⑪　迟俊. 德国职业教育发展与"工业4.0"契合的掣肘、举措与启示 [J]. 教育与职业，2017.6

进一步发挥跨企业培训的作用，加强中小企业员工对新技术、新标准的学习，同时加强对中小企业和"工业4.0"时代产品的高质量、服务意识及创新理念的培养，提升培训人员适应技术变化的能力。

3. 德国职业教育契合工业4.0的发展策略

近两三年来，德国职业教育为了契合工业4.0的发展，采取了积极的应对策略并收到显著的效果，主要发展策略有以下几个方面：

（1）积极开展适应"工业4.0"的人才培养

德国提出"工业4.0"后不仅对德国整个制造业提出挑战，同时对培养技术技能人才的德国职业教育也提出新的挑战。显然，现有的劳动力无法满足"工业4.0"的发展需求，为此，德国的职业教育采取了积极的应对措施。首先，对职业院校的在校学生进行分类指导，提高学生的职业规划能力和就业方向的选择，使学生的思想意识、技术技能的学习和业务素质拓展向"工业4.0"的要求转型。2014年联邦教研所和就业局联合开展了"保障和扩大职业教育开展"项目，对学生进行"潜力分析"和"职业规划指导"。此外，联邦政府、就业局和欧盟科学基金会经费支持的"教育链（Education Chains）"项目也将在2015－2018年为2550所学校50万名学生进行潜力分析，对约11.5万名学生进行职业规划指导，该项目从一定程度上防止了人才"扎堆"现象，避免了教育资源的浪费，为"工业4.0"培养多层次、多类型的人才。[12] 其次，德国将在2015－2018年减少青年人的辍学率。2014年德国普通大学的辍学率为33%，职业大学的辍学率为23%。德国为了减少辍学率，2014年颁布了《关于初始培训和继续培训的盟约2015－2018》（Alliance For Initial and Further Training 2015－2018），为辍学的青年人提供更多的培训岗位，并于2015年为辍学学生建立"职业教育咨询服务网络平台"，鼓励企业积极参与到对辍学学生的培训中，力争在2018年为辍学的学生建立一个稳固的就业市场。[13] 再次，德国对难民加强了职业教育培训，2016年12月联邦教育与科研部为难民新开设了"难民和职业

---

[12] 胡茂波，王运转，朱梦玫，德国职业教育契合"工业4.0"发展的策略及启示［J］. 职业教育，2016.10

[13] Sigma Gabr, Andrea Nahlet, Reiner Hoffmann, ect. Alliance for Initial and Further Training 2015－2018 ［EB/OL］http：//www.bmwi.de/DE/Themen/Ausbildungund－Beruf/allianz－fuer－aus－und－weiterbildung.html，2014.

培训"信息网站，使他们接受与"工业4.0"相匹配的职业教育。

（2）构建基础性、技能性和发展性的课程体系

随着工业4.0在德国企业的普及，未来职业岗位变迁的可能性或新技术技能需求不断增加，德国原有的知识体系已不能满足时代的需求，为此德国职业教育在原有的职业基础知识、通用技能等基础上，增加了交叉学科、自动化技术、信息化技术等学习领域课程，增加了"可持续性生活与发展"、"企业、消费者与社会、经济的关联"、"青少年的教育与社会"等方面的知识、技能和能力要求⑭，新的课程体系避免了原来过分强调技能而忽视学生未来工作岗位的迁移能力和创新能力。德国三年制的双元制大学与我国高职教学周期相同，为6个学期，课程体系由参与实践培训的企业与学校以等同名额组成的专业委员会共同制定，实践课与理论课的比例为7：3或8：2，学校主要传授专业基础知识，企业主要进行相应的实践能力训练，但岗位能力标准由企业制定，学校的教学内容与企业的培训计划紧密结合。企业除培养学生掌握使用最新设备、新技术、新工艺外，更注重学生未来职业生涯中非专业性素质的培养，尤其是工作责任心、独立工作能力以及与他人合作的能力⑮。学生最后的毕业设计基本也在企业完成，毕业设计题目来自培训企业实际工作任务，并和企业项目的实施情况结合在一起，它不仅提高了学生的应用能力，而且帮助企业解决了实际问题。

（3）专业化的职教师资队伍建设

1973年德国提出成为职教师资条件为：具备一年的工作经历或学徒经历，然后参加高等教育入学考试，经过四年的大学学习，经过第一次国家考试毕业后进入两年的教学实习期，实习期间接受有教学经验的老师一对一指导，并且还要在各州的师范院校继续进行教育学、心理学、教师培训等继续教育，实习结束后进行第二次国家考试，才能胜任职业院校的教师工作。德国职业教育的教师享受国家公务员待遇。

随着德国经济全球化和技术创新不断提升，被誉为德国经济发展秘密武器

---

⑭　王亚盛，鲁凤莲．中德职业教育专业课程体系改进完善对比分析［J］．职业技术教育，2016.11.

⑮　王敬，王勇，曹建国，邢晓玲．德国工程类专业"双元制"职业教育课程设置及教育启示［J］．继续教育，2012.01

的德国职业教育展开了积极的改革和探索，2004 年 12 月德国出台《教师教育的标准：教育科学》，对教师在教学、教育、评价和创新四个方面提出新的要求⑯，即教师是教学和学习方面的专家，教师的专业素质是由他们的教学质量决定的；教师应能解决学生的教育问题；教师能对学生进行公正的评价；教师应不断发展自己的技能，并能在其他领域继续教育。并且对从事职业教育的师资学历进行提升，由原来的学士资格提升为硕士资格，并于 2005 年 6 月以法律的形式确定下来。学士或硕士阶段需完成至少两个学科领域的学习，硕士毕业相当于第一次国家考试，通过后便可进入教师实习阶段。德国规定了教师在未来的职业生涯中，必须履行的职责包括：（1）对专业理论知识的理解能力和认知能力及在本硕阶段实习中运用专业教学方法的能力。（2）在实习阶段为提高教师实际能力提供更多机会。（3）教师入职后仍要进一步接受教师专业化发展教育和培训。2012 年 6 月德国联邦政府出台了《有关教师教育预备性服务（见习阶段）的规划和第二次国家考试的要求》，对国家考试的相关问题和教师职前见习阶段予规范。目前，德国从事职业教育的教师很多都有博士学位和 5 年的企业实践经验，职教师资能力非常强，并且德国职业教育专业的师范生严格的入学条件和修业过程在一定程度上确保了德国职教师资的高质量。

（4）不断完善职业教育和普通教育的等值性资格体系

当前，德国的职业教育与普通教育地位悬殊，致使参与职业教育的学生人数不断下降，而进行"工业 4.0"转型的企业不仅需要员工具备技术理论知识，还要有跨学科的实践技能，职业教育与普通教育的等值性没有打通，在一定程度上限制了参与职业教育的学生学习更高级的理论知识和新技术。为此，2014 年 12 月，德国联邦政府与州政府、联邦就业局、工业商业协会共同签署了战略性合作协议，从国家层面不断完善职业教育与普通教育的等值性资格体系。这在一定程度上提高了职业教育的社会地位，有利于职业教育向更高层次的发展。

（5）构建继续教育和终身教育体系

德国企业员工要适应"工业 4.0"的工作环境，就必须通过不断地学习与培训以提高自身的技术技能水平，为此，德国联邦政府出台了系列措施。一是

---

⑯ 韩宇．20 世纪 90 年代以来德国职业学校教师教育政策变迁研究［D］．浙江师范大学，2016

对在职人员及重新就业人员进行继续教育。联邦政府设立专项基金支持"继续教育津贴"、"继续教育政府奖金"、"升级援助计划"、"升级奖学金"等项目的实施，至 2020 年累计投资 2.5 亿欧元，鼓励高校向在职人员和重新就业人员开放继续教育课程。2014 年 8 月，有 97 所高校获得国家资助，提供信息技术、可持续农业、机电一体化等专业的继续教育在线课程，使相关人员方便快捷地学习适合自己的职业教育课程。二是推动成年人的终身教育项目。针对"工业4.0"的发展需求，德国联邦政府实施了"针对成年人的基础教育"、"终身学习资格框架"、"提升读写能力的国家战略"等项目，将成年人的终身教育提升到国家层面。2014 年 18 - 64 岁的受教育者参与这些项目的比例高达 51%，公民的终身学习意识增强，超过了国家的预期目标。⑰

（6）加强职业教育的国际化合作

德国职业教育为契合"工业 4.0"的发展，加强与其他国家开展国际化交流合作，把培养具有世界眼光的未来公民作为职业教育的目标之一。从 2013 年起，德国联邦教育部每年召集来自职业教育机构、社会团体、商会机构等不同主管部门的代表参加会议，共同探讨德国职业教育对外合作政策。2015 年会议通过了"国际职业教育合作一体化"项目计划，⑱该项目与多国建立合作，如与印度建立"国际劳工组织"合作项目，与部分欧盟国家开展"工具箱"合作项目，与美国、印度、中国、俄罗斯、南非等国家开展"同行学习"合作项目。这些合作项目有助于德国加强成员国之间的职业教育标准制定、经验交流和职业培训等；有助于德国构建"工业 4.0"背景下职业教育指导方针，提高德国职业教育的国际影响力。

（7）加强校企合作，提升职业教育与培训水平

德国《联邦职业教育法》规定，参加"双元制"职业教育的学生必须先取得企业的培训合同，才能申请注册进入职业院校学习；未取得企业培训合同的学生无法进入职业院校学习。据 2013 年德国联邦职业教育训练署（BIBB）公布的数据显示，德国职业院校和企业每年对每名学徒工投入教育成本约 1.5 万欧

---

⑰　Federal Ministry of Education and Research（BMBF）. Report on Vocational Education and Training 2015［R］. Germany：Bundesinstitut für Bildungund Forschung，2015：7

⑱　BIBB. Round Table for International Cooperation in VET［EB/OL］. www. bibb. de/en/govet _ 2353. php，2015.

元。德国企业接收学生实践一方面是法律规定应尽的义务，另一方面是企业为自己更好地发展培养高素质人才。"工业 4.0"时代需要最新的生产技术，各岗位之间的联系更加紧密，德国联邦政府鼓励企业积极参与职业教育并为学生提供培训岗位，提升学生适应技术变化的能力，提升职业教育与培训水平，为学生未来迎接"工业 4.0"做好准备。总之，德国出色的职业教育体系为其高品质的"德国制造"奠定了基础。

4. 德国职业教育对我国职业教育的启示

（1）建立职业教育公益性在线学习平台

德国联邦政府利用互联网优势建立了职业教育网络共享平台，确保人们及时了解职业教育在"工业 4.0"背景下的发展动态及继续教育的需求。我国的职业教育在线学习平台起步较晚，从精品课到教学资源库建设推进速度比较缓慢，并且不是所有的专业和课程能实现教学资源共享。因此，今后我国的职业教育资源应不断加大建设力度，尤其是"中国制造 2025"所涉及的重点领域、重点专业、重点技术的在线教育平台比较少，主要原因：一是人们没有充分认识到网络平台学习的重要性，建设平台的积极性不高；二是缺少建设资金，或建成后平台提供的内容较为落后，相关企业对先进技术壁垒，在线的教学内容无法与技术发展与时俱进。因此，我国应进一步发挥政府职能部门的协调、统筹作用，充分利用"互联网＋"的优势，鼓励相关企业与学校根据市场需求开发职业教育教学资源，建设国家层面的免费课程数据库、技术技能发展动态、线上线下职业教育公共服务等，为接受职业教育者提供快捷的学习渠道。

（2）构建企业主导，注重综合岗位能力培养的课程体系

德国的职业教育课程注重实践能力和解决实际工作问题的能力，企业培训在教学中占主导地位，校企双方共同制定课程体系，课程内容与企业的工作任务对接，并根据企业需求及时更新课程内容，注重与工业 4.0 对接的人才培养。我国高职的课程体系应借鉴德国的课程模式，从"偏重理论"向"偏重技能"转变，把学生引入企业工作岗位，以岗位能力组合校内课程模块和基本实践技能，另外，"中国制造 2025"背景下的课程内容需增加交叉学科、信息化、自动化技术等基础知识；在实践中注重培养学生的社会责任感、职业道德、大国工匠精神、综合岗位能力、创新能力等综合素养。

（3）建立完善的职教师资制度

德国对从事职业教育的教师从入学条件、学士或硕士阶段应具备的专业要求、实习强化内容、教师能力框架等各项内容以国家政策或法律的形式给予严格的控制，由此也保证了他们拥有高素质、技能过硬、特色鲜明的职教师资队伍。我国对从事职业教育的师资要求与德国相比还不严格和规范，师资队伍参差不齐，无论是师范生还是非师范生都可进入职教师资队伍，而非师范生上学期间缺乏教学论、课程论、心理学等相关课程的培养过程，这些课程在教学工作中能积极促进教师的专业化发展。我国的职教师资相比德国既缺少职前的实习阶段，也缺少职后的企业实践环节。因此，通过立法保障职教师资的管理，高素质的职教师资队伍背后的支撑是职前的培训和严格的教师准入制度，具备扎实的专业理论知识和高超的实践操作技能的"双师型"师资应成为高职教师资格的核心因素，目前，天津市有的高职院校已把教师招聘条件定位：正式研究生学历，具有两年企业实践经验。为了培养高素质的技术技能人才，具备高素质的教师是关键。所以，我国应积极建设职教师资入门标准、教学能力、实践能力、企业实践时间等相关规定是提高职教师资队伍教学质量的重要举措。

（4）从国家层面出台鼓励政策，使企业积极参与职业教育人才培养

德国职业教育突出特点是"双元制"教学模式，为了更好地推动"工业4.0"国家战略，充分调动企业参与职业教育的积极性，德国联邦政府从经费、政策等方面为企业制定了鼓励性措施，以保障职业教育人才输出质量。目前，我国职业教育基本形成"政府主导，依靠企业，充分发挥行业作用，社会力量积极参与，公办与民办共同发展"的多元化办学形式，但实际上，企业参与职业教育的积极性不高，企业投入职业教育不足，校企合作流于形式。伴随着"中国制造2025"全面实施，传统的生产模式、岗位能力需求、生产管理等已发生重大变化，如果企业不积极参与职业教育的人才培养，单凭职业院校单方培养很难培养出与"中国制造2025"相匹配的人才。我国应借鉴德国成功的职业教育经验，首先，从国家层面制定相关的法律，明确政府、企业、职业院校、培训机构的责任和义务，建立监督保障机制和奖励惩罚机制；其次，对参与职业教育的企业给予减免税收鼓励政策或政府提供专项培训资助，充分调动企业参与职业教育的积极性，并让行业协会或企业参与职业院校的课程开发、职业资格鉴定和教学质量评估等整个教学过程，发挥他们的主导作用；第三，加强

政府、企业、行业、职业教育院校、培训机构之间的联系，使企业意识到技术技能型人才培养仅靠职业院校或培训机构难以培养符合企业需求的员工，校企合作深度融合，职业院校培养出高素质的人才才能促使企业更快更好地发展。

（5）注重学生信息化能力的培养

德国企业以智能工厂为主导，在学生实训期间注重对信息化技术的培养。智能制造时代企业员工仅仅具备单一的技术技能难以满足智能工厂的要求，未来企业需要以信息化为主的跨界复合型人才，利用数字化制造技术自主操纵机器进行智能化生产。"中国制造2025"与"工业4.0"相同，对从业人员的技术技能提出更高的要求，尤其是新一代信息技术的理论和实践的灵活运用能力。因此，高职教育应将信息化作为通识教育融入教学的各个领域，建设信息化学习方式和智能化实训环境，使学生掌握数字化制造技术和必要的信息化应用能力。

（6）构建新型的人才培养模式

德国联邦政府根据"工业4.0"特征及时调整人才培养模式和课程体系，使职业教育与企业发展同步。"中国制造2025"使企业向着智能化、自动化、去体力劳动等方向发展，产业结构由低端向中高端迈进，信息化与工业化深度融合，使传统制造业生产流水线上专业化分工和岗位分工的模式转向智能制造生产所需的创新型、网络型、岗位复合型、跨学科人才转变，这就要求高职教育原有的为生产一线提供技术技能人才的培养模式转型。首先，由单一专业向跨专业、跨学科转型，构建"专业＋"新型的人才培养模式。其次，重新设置课程体系。传统的课程体系围绕原有专业设置，但"智能制造"背景下，企业生产需要物联网、数字制造、机械、软件技术、电子技术、企业管理等多学科知识，学生需要具备原专业以外的综合知识和跨专业的决策能力。最后，协同创新人才培养模式。我国职业教育应借鉴德国的成功经验，使学生在真实的生产环境中体验和掌握新技术，同时，充分发挥政府、企业、院校、行业、社会培训机构等多方优势，协同创新人才培养模式，大力推进中国现代学徒制，使职业教育契合"中国制造2025"发展需求。

3.3.2 英国现代学徒制契合英国 2020 发展愿景的策略及启示

1. 英国现代学徒制概述

英国的学徒制有悠久的历史，1563 年首次以立法的形式通过正规的条例正式规范化。1802 年的《学徒制健康与道德法》进一步保证了学徒制从立法上的正规有效发展，19 世纪 60 年代，英国的学徒人数达到 24 万人，但学徒制同时也受到了种种诟病与挑战。到 19 世纪 90 年代中期，英国政府决定重建学徒制，将经济发展以及基础知识体系纳入到学徒制建设中，这种重建需要更多政府以及国家层面的支持。为促进经济发展和产业结构不断升级，英国于 1993 年 11 月提出"现代学徒制（Modern Apprenticeship，简称 MA）"计划并以"振兴职业教育与培训体系"的国家战略形式提出。1994 年 9 月，现代学徒制开始在农业、工商管理、化学品、儿童护理、电气安装、工程制造、工程建设、信息技术、海洋工程、商船、聚合物、零售、钢铁和旅行服务等 14 个行业部门试运行，主要培训对象为 16～17 岁的中学毕业生。1995 年，该计划被 54 个行业普及推广，并对 18～19 岁青年实行高级现代学徒制（Advanced Modern Apprenticeship，简称 AMA）培训，但当时参与高级现代学徒制的人数较少，1996 年 4 月，现代学徒制与高级学徒制合并，仍称现代学徒制⑲。现代学徒制为英国青年和成人提供一种以国家职业资格（NVQ）为基础，以青年学徒制、前学徒制、学徒制、高级学徒制、高等学徒制与国家职业资格 1～5 级相对应的职业教育培养体系，对应关系见表 3－1。

青年学徒制和前学徒制是正式学徒制前的准备，属于"准学徒制"，英国正式的学徒制主要指学徒制、高级学徒制和高等学徒制三种层次的学徒制，每个学徒制项目都有一个由企业和行业技术委员会制定的学徒制框架（framework），所有框架均包括能力本位要素、知识本位要素和可迁移的核心能力要素⑳，学徒制期满后学徒可获得国家职业资格、技术证书和关键资格等认证。国家职业

⑲ 杨敏. 简论英国现代学徒制及对我国职业教育的启示［J］. 中国职业技术教育，2010（18）：16－18.

⑳ 黄日强，黄勇明. 核心技能—英国职业教育的新热点［J］. 比较教育研究，2004（2）：82

表 3-1　学徒制与国家职业资格、普通教育水平、能力标准、工作职务对应关系

学徒级别	面向对象	基本情况	国家职业资格级别	普通教育水平	能力标准	工作职务
青年学徒制	14-16岁青年	一周可以有两天在工作场所学习行业知识，为能力强、兴趣高的学生提供"高质量"的学习机会				
前学徒制	未能为学徒制做好准备的年轻人	主要指"就业入口"（Entry to Employment，简称E2E）	NVQ1		从事日常工作活动的能力，具有一定范围内从事常规、可预测的工作活动能力	半熟练工
学徒制	16岁以上而不在非全日制教育机构学习的人	替代原来的基础学徒制，包括NVQ，关键能力和技能证书	NVQ2	相当于在全国中学会考中获得5门合格	在不同环境中从事范围较广的工作活动的能力；负有一定的责任和自主权，并能与工作中其他成员合作	熟练工人
高级学徒制	应获得五个普通中等教育证书（GCSE）C等或以上成绩或者完成了学徒制	替代原来的高级现代学徒制，包括NVQ，关键能力和技能证书	NVQ3	相当于通过两门A Level课程水平考试	具有在多种复杂环境从事多种工作活动的能力；负有相当的责任和自主权，经常需要对他人工作进行监督和指导	技术员、技工、初级管理员

续表

学徒级别	面向对象	基本情况	国家职业资格级别	普通教育水平	能力标准	工作职务
高等学徒制	申请者应完成高级学徒制或取得相关的高级水平证书	一项将学徒制与高等教育联系起来的试点项目，可获得基础学位	NVQ4	相当于学士学位	具有在多种环境从事多种复杂技术或专业性工作活动的能力；负有很大的个人责任和自主权，通常需要对他人工作和资源的分配负责	工程师、高级技术员、高级技工、中级管理员

资格与学徒资格的对接为青年人提供除学术性之外的发展道路㉑。能力本位要素的主要形式是 NVQ，它是制定现代学徒制框架项目的核心，每个框架规定每年不低于 280 小时的学习内容，能力本位要求被评估的能力包括：学徒工是否能胜任核心工作能力的评估和鉴定；学徒工对语言、数学以及 IT 知识等基础领域的技能学习能力的评估和鉴定。知识本位要素的主要形式是技术证书，它是学徒工必须具备的理论基础知识，包含对职业领域与主题的理解。可迁移的核心能力要素主要包括：交往（Communication）、数字运用（Application of Number）、信息技术（Information Technology）、与人合作（Working with Others）、提高自我学习和绩效（Improving Own Learning and Performance）以及解决问题的能力（problem Solving）六种能力。除此之外，学徒工还需要学会下列不须经过评估的内容：

（1）学徒工应清楚自己的权利与责任；

（2）学徒工的个人学习能力与团队合作能力；

（3）学会与雇主签订合同；

（4）平等参与多样化评估；

㉑　Vocational Education and Training in the United kingdom ［EB/OL］. http：//www. cedefop. europa. eu/EN/Files/5159

（5）学徒工如何做好自己的工作计划与未来的个人职业发展规划。英国现代学徒制的实施主要通过核心能力课程和国家职业资格课程实施。1997年英国政府成立了资格与课程委员会（Qualification and Curriculum Authority，QCA），在全国范围内负责推行核心能力课程，并监督和评价课程的具体实施情况，QCA的权利和责任为现代学徒制核心能力的开发和实施提供了制度上的保证[22]。

在英国，现代学徒的身份被认定为企业雇员，企业除向学徒支付不低于当地最低工资标准外，还要为学徒购买各种社会保险。英国政府为了降低企业投入学徒制的成本，对符合培训资格的雇主每培训一名合格的学徒资助津贴1500英镑。学徒经培训后终身将获得31360英镑（中级）和49900英镑（高级）额外公共收入。

2015年，英国政府提出《英国学徒制：2020年发展愿景》，针对学徒数量和质量制定了未来五年发展规划，该规划主要包含提高学徒制的地位，鼓励所有阶层的适龄人群参加学徒制，提高学徒的培养质量和层次，由企业雇主主导的多元参学徒制协会，开征企业学徒税，建立一个长期的学徒制系统和一套稳固的经费机制，为英国现代学徒制的持续发展提供组织保证和资金支持[23]。

1. 英国现代学徒制改革的背景

（1）经济发展需要高技能人才

尽管英国学徒制经过20多年渐进式发展，为企业雇主和经济发展发挥了重要作用，但英国的经济发展与七国集团（G7）其他国家相比仍然处于劣势，生产力水平远低于德国、法国和美国。英国国家学徒制服务中心（National Apprenticeship Service，NAS）认为现代学徒制在培养质量、培训内容、学术价值等很多方面仍然存在问题，于是英国政府提出对现代学徒制进行改革。由NAS负责开发基于互联网技术的信息平台，及时向企业、个人、社会发布学徒制信息，监督企业完成学徒制计划情况和培养质量。2013年，英国产业界联合会发布《2013年教育与技能调研报告》（Education and Skills Survey 2013），该报告明确

---

[22] 邵艾群，英国职业核心能力开发及对我国职业教育的启示 [D]．成都：四川师范大学，2009，4：22

[23] Department for Business. English Apprenticeships：Our 2020 Vision [EB/OL]．[2015 - 12 - 7]．https：//www.gov.uk/government/uploads/system/uploads/attachment_ data/file/482754/BIS - 15 - 604 - english - apprenticeships - our - 2020 - vision. pdf．

指出：目前劳动力市场的人才技能层次和质量较低，中等和高等技能水平的人才短缺，随着经济的发展和生产结构的变化，社会对中、高级技能的人才需求会逐年增多，对低技能人才的需求会逐年减少㉔。2015 年，英国发布《学徒制：为未来的成功发展技能》（Apprenticeships：Developing Skills for Future Prosperity），该报告指出，英国多培养的是低技能学徒，如护理、零售、服务等行业，在先进制造业、专业性较强的领域培养的学徒难以满足经济的发展㉕。因此，英国应采取新的措施提高学徒培养的质量和层次，注重专业技能人才、新技术人才及 STEM（科学、技术、工程、数学）人才的培养质量，否则，难以满足经济、企业、行业发展对人才的需求。

（2）企业雇主参与现代学徒制的积极性不高

英国政府为了鼓励企业参与现代学徒制而制定了一系列的激励措施，但中小企业参与的积极性仍不高。由于英国政府是根据企业规模分配培训的数量及资助经费，中小企业得到的经费不足，并且中小企业的雇主没有参与现代学徒制项目设计和标准开发的权利，这大大削弱了中小企业雇主参与的热情。目前，英国现代学徒制框架有多种组合形式，内容过于形式化、繁琐和冗长，缺乏必要技能的描述和有效的评价手段等，英国企业雇主认为培养的学徒并没有真正具备从事某项工作的能力和资格，因此，企业雇主雇佣学徒的比例与其他国家相比要低很多，如澳大利亚为 30%，奥地利为 25%，德国为 24%，而英国只有15%。同时，在每千名雇佣学徒数量的排名中，英国是最后一名，只有 11 人㉖。

㉔ 王玉苗. 英国高等学徒制：背景、保障与改革［J］. 比较教育研究，2015（1）：90 - 96.

㉕ Department for Business. Apprenticeships：Developing Skills for Future Prosperity［EB/OL］.［2015 - 10 - 22］. https：//www. gov. uk/government/uploads/system/uploads/attachment_data/file/469814/Apprenticeships_ developing_ skills_ for_ future_ prosperity. pdf.

㉖ Department for Business. English Apprenticeships：Our 2020 Vision［EB/OL］.［2015 - 12 - 7］. http：//www. gov. uk /government/uploads/system/uploads/attachment _ data/file/482754/BIS - 15 - 604 - english - apprenticeships - our - 2020 - vision. pdf.

（3）各利益相关者的利益分配不均影响培训质量

英国现代学徒制涉及政府、企业、行业、雇主、培训机构、家长、学徒等众多相关利益者，他们对现代学徒制的认识和利益诉求不同导致培训质量下降。雇主和培训机构承担学徒的实践技能培训任务，其中，雇主占据主导地位，但雇主必须与培训机构合作，与其签订协议后，才能从培训机构那里获得政府的经费拨款，如果雇主认为给予的培训经费低就会导致其对学徒培训投入的资金少，影响培训效果。另外，现代学徒制的初期学徒因为劳动报酬低、培训周期偏长、培训成本负担重等原因不愿意参与现代学徒制，有些学徒甚至会选择中途退学。随着社会经济的转型升级企业提高了对雇员的要求，同时，年轻人对就业岗位和工作条件的期望值也提高了，并且通过学徒难以找到资质高的工作机会，所以，学徒制对青年人而言所发挥的作用不明显，影响了他们参加培训的热情。

2. 英国现代学徒制契合英国 2020 发展愿景的策略

（1）从立法上给予保障

2008 年，英国政府制定《学徒制草案》（Draft Apprenticeships Bill），2009年制定了《学徒制、技能、儿童与学习法案》（Apprenticeships, Skills, Children and Learning Act，简称 ASCL），以立法的形式确立了现代学徒制的地位。2012年，英国政府针对 16～24 岁年轻人出台了雇主学徒制津贴项目（The Apprenticeship Grant for Employers Age 16 to 24 Program，AGE16～24）。该项目鼓励符合资格的雇主为 16～24 岁年轻人提供就业机会，每培养一名合格的学徒政府资助雇主津贴 1500 英镑。至 2013 年 3 月底，共有 24339 名 16－24 岁学徒完成培训，约 74% 的学徒达到了中级水平，26% 的学徒达到了高级水平。按照法律规定，学徒是按照企业正式的雇员进行培训，学徒即招工，雇主必须支付每个学徒最低工资保障。自 2015 年，英国政府已经将学徒的最低时薪提高了 20%，16～18岁的学徒时薪为 3.4 英镑，按照企业正常的工作时间和培训时间来支付；19 岁以上学徒工在第一年享受最低时薪工资 3.4 英镑，超过一年以后，按正式员工支付该年龄段最低工资，18～20 岁时薪为 5.55 英镑，21～24 岁时薪为 6.95 英镑，25 岁及以上时薪为 7.20 英镑。学徒工和其他在职雇员一样享受包括公共假期和婚育休假等的权利。尽管法律规定有最低工资保障的要求，但绝大多数雇主对学徒工支付的时薪为 6.3 英镑。对雇主而言，现代学徒制为企业带来很大的回报，政府为学徒制和高级学徒制每投入 1 英镑企业就会获得平均 26～28 英镑的回报。2016 年英国通过《福利改革和工作法案》，要求政府每年就学徒制的开展情况和实现目标进行报告。同年英国通过《企业法案》，要求在公共部门首先实现学徒制的发展目标，学徒被赋予与学位同样的法律地位[27]。同时《企业法案》还要求建立独立于政府的学徒工机构（The Institute of Apprenticeships），该机构由独立雇主负责管理学徒的质量并涵盖技术教育。随着新政府的更替，原来基本由企业创新部负责的学徒制管理正式移交到教育部，完善了教育部对各层次教育的统一协调和管理。

（2）现代学徒制等级与普通教育学位对接

英国政府利用现代学徒制，将培养高技能人才作为企业及未来个人的双重就业标准。现代学徒制属于现代意义上的职业教育，学徒工取得相应的学徒制等级不仅获得国家或行业的承认，而且打通了与普通教育的通道，这在很大程度上消除了社会对学徒工职业低下无前途的观念。学徒工如果取得国家职业资格 2 级则相当于初中会考通过的水平，实质上通过这种分流体制为部分学生重新规划了职业生涯。他们通过继续学习高一级的学徒制，不仅获得就业技能，大大减轻了家庭的教育负担，而且通过学徒制与学位教育的互通桥梁，可以获得高等院校的继续教育。现代学徒制与普通教育学位互通、并轨是英国职业教育体系的一大特色，英国的"双证融通"制度以其先进性、时效性在世界范围内首屈一指[28]。

（3）充分发挥企业雇主的主导作用

政府在制定政策时充分吸收雇主的意见，并赋予企业雇主在学徒培训上更大的权力。2005 年，英国政府发布《全国雇主培训纲领》（National Employer Training Program），雇主可根据企业发展需要变更学徒的培训内容。英国政府为了激励雇主积极参与，对企业雇主采用奖励机制，企业每招收一名 16～18 岁的学徒工，政府奖励雇主 1000 英镑，企业招收特殊工种的 19～24 岁学徒工，政府也奖励雇主 1000 英镑。2013 年 10 月，英国政府发布《英格兰未来的学徒制：

㉗　张俊勇，张玉梅. 英国现代学徒制的发展及其启示［J］. 职业技术教育，2017（01）：74－79.
㉘　吴静，杜侦. 英国职业教育学徒制变迁及其启示［J］. 职教论坛，2014（6）：92－96.

执行计划》，该计划提出雇主是新学徒制开发的主体，要提高雇主在项目实施过程中的主导作用，提高年青人和雇主积极参与学徒制的主观意识，为此由雇主牵头实施"学徒开拓者"计划，该计划的牵头者均为行业中的领军企业，他们联系本行业不同的企业共同开发职业标准和教学案例，并在不同的企业中使用，一旦所有的企业都同意，该标准则为本行业的学徒制新标准。目前已有 1300 多个雇主参与了新标准的制定，推出的新标准已达到 210 个，其中 60 个为高等级学徒标准，在学徒培训中发挥了很大作用[29]。

（4）采取多种措施保障培训质量

英国政府针对不同企业培训质量参差不齐的问题，采取了多种措施积极寻求有效的解决途径。2013 年 10 月，英国首相卡梅伦在牛津大学宣布现代学徒制新的标准，旨在提高学徒制培训质量[30]。新的学徒制标准主要内容包括：一是现代学徒制是一项有技能的工作；二是现代学徒制至少包含 20% 的工作时间之外的培训和 12 个月的长期训练；三是现代学徒制要培养学生可迁移的技能和能力，提高英语读写和数学能力，扩大职业的发展空间；四是全面的职业素养和较强的职业竞争力是证明学徒工获得成功的标准；五是培训质量水平要达到专业认可程度[31]。

另外，卡梅伦政府高度重视现代学徒制的发展，承诺在上届政府创造的 230 万个学徒岗位的基础上，到 2020 年达到 300 万个[32]。英国政府加强对现代学徒制的监管力度，尤其针对培训过程中存在的不足之处及时进行监督纠正，同时还要对存在问题的学校或培训机构建立最低的业绩考核标准，问题严重的立即采取干预行动（intervention action）[33]。

---

[29]　https：//www. gov. uk/government/consultation/future of apprenticeships in England review next steps.［DB/OL］

[30]　Sarah Ayres，Ethan Gurwitz. Apprenticeship Expansion in England Lessons for the United States［R］. Center for American Progress. Washington，D. C. 2014 – 06 – 06.

[31]　Department for Business. English Apprenticeships：Our 2020 Vision［EB/OL］.［2015 – 12 – 7］. https：//www. gov. uk/Government/uploads/system/uploads/attachment – data/file/482754/BIS – 15 – 604 – english – apprenticeships – our – 2020 – Vision. pdf.

[32]　Apprenticeships Plan Outlined by Government – BBC News［EB/OL］. http：//www. bbc. co. uk/news/business – 340/3618. 2015 – 08 – 21

[33]　The Future of Apprenticeships in England：Implementation Plan［R］. HM Government. 2013 – 10.

（5）政府和雇主共同承担培训成本

英国政府对现代学徒制除进行总体规划外，还根据学徒的不同年龄段承担的不同比例的培训成本，学徒年龄越小政府支付的比例越大。目前政府针对学徒培训成本采取了两种制度：一种是框架制度，一种是标准制度，两种制度都由政府和企业雇主共同来承担。所谓框架制度就是政府根据学徒工的年龄承担的培训比例，政府对 16～18 岁的学徒承担全部培训成本；对 19～23 岁的学徒政府承担一半的培训成本；对于 24 岁及以上的学徒，政府最多承担一半的培训成本[34]。对家庭条件较差的或者培训成本较高的地区，政府会提供额外的成本补助。所谓标准制度是指对培训的工种进行分类，培训机构和雇主就学徒工的培训达成一致，政府承担 2/3，雇主承担 1/3，这种制度不再考虑家庭和区域差异。在 2015－2016，99% 的学徒工资助方式是框架制度。2017 年，随着学徒税的开征，标准制度在未来会完全取代框架制度[35]。

3. 英国职业教育对我国职业教育的启示

（1）构建职业教育与普通教育相互贯通的现代职业教育体系

英国现代学徒制的发展是适应国内经济发展的产物，英国政府把学徒制的资格证书与普通教育的学历证书并行的举措扭转了社会认为学徒地位低下的偏见，打通学徒工从低端向高端上升的空间，使许多年青人认为现代学徒制是走向职业成功的快速通道（fast－track），学徒制为他们未来的职业选择和技能学习提供绝佳的机会[36]，这对我国的职业教育给予很大的启示。1996 年，我国颁布《职业教育法》，当初提出我国要建立初等、中等、高等职业教育与职业培训并举，并与其他教育相互贯通、协调发展的职业教育体系，但如今职业教育与普通教育相互融通的现代职业教育体系还未曾在国家层面实施。长期以来，我国高职院校的毕业生继续升学的空间很小，有部分同学是通过技能大赛获得优

---

[34]　Department for Business. SFA：Funding Rates and Formula－2016 to 2017，Version 2 ［EB/OL］．［2016－3－23］．https：//www. gov. uk/government/uploads/system/uploads/attachment_ data/file/510260/Funding_ rates_ and_ formula_ 2016_ to_ 2017_ v2. pdf.

[35]　张俊勇，张玉梅. 英国现代学徒制的发展及其启示［J］. 职业技术教育，2017（01）：74－79.

[36]　刘亮亮，李雨锦. 英国现代学徒制改革的新动向：2020 发展愿景［J］. 职业技术教育，2016（6）：36－40.

秀成绩被保送至本科，有部分同学是通过专升本考试进入本科院校，但不论哪种情况，高职生能继续上学的同学凤毛麟角，多数高职学生由于不能继续升学难以获得较高的社会地位。因此，高职教育被限制在专科层次，致使当今社会人们往往把职业教育与生产第一线或提供简单劳动力的劳动者相联系㊲。在我国人们对职业教育的思想观念是社会地位低，致使人们不愿接受职业教育，也阻碍了职业教育的发展。所以，我们借鉴英国现代学徒制的宝贵经验，构建职业教育与普通学历教育相互贯通的现代职业教育体系是非常必要的。

（2）从国家层面引导、监管现代学徒制的运行

英国政府对现代学徒制不断加强政策的引导、财政支持和网络平台的广泛宣传，使现代学徒制日臻完善。我国应借鉴英国现代学徒制的成功经验，发挥政府的主导作用。首先，国家成立专门的管理部门对"现代学徒制"的框架规范化、制度化。加强对职业资格的鉴定工作，目前，企业对学生所获得的职业资格证书不予认可，对此我们应该借鉴英国的做法，政府加强对培训机构的监管，使职业资格等级证书与学徒工所具备的能力匹配，得到企业的认可。其次，英国的现代学徒制是由政府资助的项目，并且对参与学徒制的企业给与双倍补助，这大大激发了企业参与学徒制的积极性。因此，我国的职业教育也应建立专项资金用于保障现代学徒制的实施，对参与学徒制培训的企业采取税收优惠政策，职业教育相比普通教育需要更多的投入，需具备生产设备、专业技术操作人员、生产场地等，如果没有政府层面的资金支持，仅靠职业院校单方的教学条件，实现职业教育与企业发展同步，培养适才对路的人才是不现实的。因此，我国政府应建立经费保障体制为职业教育推行现代学徒制提供强大的资金支撑。再次是英国政府建立现代学徒制网络平台，为雇主、培训机构、学徒、家长等不同群体广泛提供现代学徒制信息。英国每年开展"国家学徒制周"（National Apprenticeship Week）活动，通过举办年会、研讨会等多种形式的活动向雇主和学生宣传现代学徒制。目前，我国对职业教育的宣传应学习英国的经验，让人们从思想上树立"技能成才"的理念。

㊲ 曹晔，周兰菊．中国现代职业教育体系：建设基础与改革重点［J］．职教论坛，2016，（28）：28－34

（3）建立企业雇主主导下的多元化协同合作模式

英国现代学徒制的参与方有政府部门、行业、企业雇主、培训机构、学徒工等众多利益相关者，但真正起主导作用的是企业雇主。政府给予企业雇主很大的自主权，雇主可根据企业技术发展自行设计学徒制的培训项目和培训内容，建立由企业雇主主导的学徒制协会；由行业的领军企业牵头制定现代学徒制的新标准，从学徒工培训后应具备的技能、掌握的知识、职业素养等方面控制本行业的学徒培养质量。这对我国的校企合作给予很大的启示，我国职业教育中的校企合作如果政府不给予企业资金支持或税收优惠政策，企业参与现代学徒制的积极性不会很高。现在企业对高职院校的毕业生能力颇有微词，而高职院校一方面不了解企业的发展需求，另一方面学校的实训设备也落后于企业的先进生产设备，所以，我国应从国家层面重视校企合作的重要性，因为只有企业才了解他们需要什么样的人，他们最了解当代技术的发展变化，职业教育负责理论知识的传授，企业加强实践能力的提高，因此，建立企业主导下的多元化协同合作对高职教育发展是非常迫切的任务之一。

（4）建立"能力本位"的职业培训标准

英国的现代学徒制突出强调"能力本位"，职业培训中各个项目都有全国统一的框架标准和要求，从职业能力标准的制定、认证、考评等各个环节都突出"能力本位"的重要性，各行业在现代学徒制中注重学生关键能力的培养。这给我国的职业教育予以重要启示。虽然，我国从20世纪90年代初就从加拿大引入"能力本位"的职业教育模式，但并没有收到人们预期的效果。因此，我国的职业教育应从本国实际出发，在借鉴的基础上开发属于本国的职业资格认证标准，该标准应应包含职业岗位的迁移能力，即不仅有单一工作岗位或技能的要求，更要有适应不同工作岗位角色要求。职业院校要突出学生"能力本位"中关键能力的培养，尤其是工作中处理问题的能力、合作的能力、与他人沟通能力、创新创造能力等。我国职业教育应建立"能力本位"的评价标准，理论知识采用"够用为度"的原则，实践培训严格按照相关行业的能力标准对学生进行训练，学生能否获得职业资格认证，应该在工作现场多次对学生的操作技能进行考评，更应注重解决实际问题的工作过程，综合地、客观地评价出学生的实际能力水平，而不能仅凭一次考试即可获得职业资格证书。另外，我国的职业资格考试缺乏严格的监管制度，致使学生获得职业资格证书后企业也不认可的尴尬局面。

（5）大力宣传职业教育，提升其吸引力

英国为了大力推进制造业回归及"工业2050战略"，吸引更多的人将来成为技术技能型人才，2011年实施了"开放和了解制造业计划"，经常组织学校学生、教师、职业指导师等到制造企业参观，让学生对现代制造业有充分的认识和了解，增强他们对智能制造企业的技术和生产自动化的体验，以便有更多的学生选择职业教育，为企业的技术技能型人才的储备做好职业教育的宣传。根据麦克斯数据分析预测，我国在2020年需要技术人才约2200万，高技能人才约1.4亿人。教育部、人才资源和社会保障部、工业和信息化部联合发布的《制造业人才发展规划指南》指出，到2025年我国十大制造业人才缺口达到2986万。我国职业教育在人们心目中的观念为"次等教育"、"末位选择"，选择上职业院校是万不得已。从"中国制造2025"对高端技术技能人才的需求看，我国应引导公民改变对职业教育的偏见，大力宣传职业教育的社会价值及现代职业教育体系的未来架构，做好职业院校学生的职业生涯规划，引导广大职业院校学生树立正确的择业观，帮助其分析我国未来制造业的发展趋势，吸引和引导更多的年轻人进入职业院校学习[38]。

3.3.3　澳大利亚 TAFE 学院契合企业技能化发展的策略与启示

1. 澳大利亚 TAFE 学院概述

TAFE（Technical and Further Education）学院即技术和继续教育学院，它是"澳大利亚十年制义务教育后政府投资主办的最大的职业教育与培训组织"[39]，也有人称之为"太福学院"。澳大利亚的学生在初中毕业后进行分流到职业高中和普通高中，TAFE招收职业高中毕业的学生，经1～2年的培训后可获得全国统一认证、企业认可的岗位培训技术资格证书，证书等级与工作职务对应关系，如表3－2所示。

㊳　谭少娟. 第四次工业革命时代发达国家职业教育的应对与启示［J］. 教育与职业，2017（13）：38－44.

㊴　陶秋燕. 高等技术与职业教育的专业和课程——以澳大利亚为个案的研究［M］. 北京：科学出版社，2004：22

表 3 - 2　澳大利亚职业资格证书与工作职务对应关系

证书等级	工作职务
I	半技术工人
II	高级操作员、服务性工人
III	技术工人
IV	高级技术工人、监工
普通文凭	专业辅助人员、技术员
高级文凭	专业辅助人员、管理人员

（注：在 TAFE 学院获得高级文凭相当于我国的专科文凭）

TAFE 学院培训课程包罗万象，面向不同年龄、不同行业所需的知识和技能培训，学生中有相当一部分人是来自企业一线的工人，因为澳洲的各行各业都有自己的行业标准和相应的培训标准，在职人员需定期参加职业培训不断更新知识，了解本行业的最新发展动态和掌握本行业最新技术。目前涉及的课程有1500 多门，只要社会需要就开设。教学形式采用学分制，依据积累的学分得到相应的资格证书或文凭。为了保证培训质量，澳大利亚国家培训局（ANTA）建立了全国统一的国家培训框架（NTF），是由国家资格框架（AQF）、培训包（TP）、培训质量保证框架（AQTF）三个核心部分组成，培训包作为国家培训框架的主体，详细规定了国家统一的资格、行业能力标准和评估指南，并提供相应的辅助材料，如教学培训资料等等，培训包（TP）是 TAFE 学院及培训机构开展培训教育的指南和主要依据⑩。培训包经过近二十年的不断完善，成为澳大利亚职业教育与培训改革最成功的成果之一。培训包已经成为澳大利亚职业教育的特色享誉世界，它是技能评价职业标准和国家统一的资格认证体系，培训包并没有规定 TAFE 学院或培训机构应采用的教育或培训方式，而是规定职业培训和认证中的能力标准、评价方式以及资格证书认证的条件和标准⑪。TAFE 教育是世界上能通过 ISO9001 认证的为数不多的教育体系，由此可见，其

---

⑩ 唐科莉. 澳大利亚迈向教育质量新时代——"高等教育质量和标准署"与"技能质量署"的建立［EB/OL］. http：//www. bjesr. cn.

⑪ 郝理想，魏明. 澳大利亚职业教育培训包体系述评［J］. 河北科技师范学院学报（社会科学版），2009（6）：59 - 63.

培训质量得到世界的公认，并且也得到美国、国际大学联盟（IUA）和英国联邦国家的认可。

TAFE 的教学得到澳大利亚政府可观的经费支持，学院每年预算 30 亿澳元，政府实际拨款约 40 亿澳元，这对 TAFE 学院学生的培训质量有了足够经费保障。另外，澳大利亚政府规定要想从事技术性工作必须具备 TAFE 证书才行，即使是硕士、博士从事技术性也是如此，他们并不像我国学历越高的白领阶层越受宠，更容得获得高薪工作，而澳大利亚是接受过 TAFE 职业教育的高级蓝领技术人员更容易获得不菲的薪酬工作。所以，有些高等学历的学生毕业后再回到 TAFE 学院接受技能培训拿到资格证书后才得到企业的认可。有些 TAFE 学院的学生拿到高级文凭后，即可以选择就业也可以选择继续深造，在相应的大学读一年半到两年的课程，便可拿到本科学位。TAFE 学院是"把技术教育和继续教育结合起来，把学历教育与岗位培训结合起来"，"实施新型的技术与继续教育"[42]，它把职业教育与普通教育、高等教育相贯通，职前教育与职后教育相联系，体现了终身教育的教学体制，TAFE 学院很好地解决了就业市场和学校人才培养之间的对接问题并形成自己特色的教育体系，为澳大利亚政府各行各业培养了能解决实际工作问题的应用型人才。

2. 澳大利亚 TAFE 学院培养模式的改革

澳大利亚原有的职业教育形式与英国学徒制相似，澳洲政府经过不断改革和创新形成具有本国特色的职业教育体系，期间经历了"以知识本位"、"以能力本位"、"培训包"等培养模式的变革。1973 年 4 月 26 日，由迈尔·坎甘（Myer Kangan）主持的澳大利亚技术和继续教育委员会（ACOTAFE, the Australian Committee on Technical and Further Education）成立，该委员会于第二年向澳大利亚政府提交了《坎甘报告》，并提出建立 TAFE 学院。当时，坎甘认为澳大利亚的技术和继续教育应该是以知识为本位，而不是以能力为本位的。

随着澳大利亚经济的发展，到 20 世纪 90 年代初，人们开始意识到技能型、应用型人才比知识理论型人才更能促进行业经济的发展，于是从重视知识型人才的培养转向重视技能型人才的培养理念由此产生，即以能力为基础的培训 CBT（Competency – based Training）模式，它是澳大利亚职业教育最重大的改革

42　吴雪萍. 国际职业技术教育研究［M］. 浙江：浙江大学出版社，2004：225

之一，"以能力为基础的培训，关系到职业教育和工作的现代化以及培训市场的发展"，"长期以来，澳大利亚教育的职业课程模式与学术课程模式一直存在着冲突"㊸。当时，澳大利亚在全国范围内展开职业教育和就业关系大讨论，经过讨论，人们普遍认为职业教育应重点培养学生未来工作岗位所需的技能。在此背景下，以能力为中心的培训在澳大利亚盛行㊹。

1992 年之前，澳大利亚各州和地区的 TAFE 学院与培训机构处于互不相干的分离状态，各州和地区决定自己的职业教育与培训的内容、方式及职业资格标准，这对于职业教育毕业的学生及个人在全国的流动造成了很大障碍㊺。为改变这种状况，澳洲政府决定开发一个可以运用到各行业的全国统一培训体系，成为那时的人心所向和大势所趋㊻。1992 年澳洲政府签订了国家培训局协议（ANTA Agreement），并制定职业技术教育国家框架体系，该框架由三个组成部分，每个部分都具有特定作用㊼：（1）资格框架（Australian Qualification Framework，AQF）：规定了普通教育、职业教育、高等教育之间的纵向衔接、横向贯通，如表 3 - 3 所示。（2）培训框架（National Training Framework，NTF）：规定 TAFE 学院或培训机构提供的职业教育必须依据行业技能标准进行，1998 年后要求各行业将本行业的职业技能标准集成为培训包，作为各个 TAFE 学院设置课程、组织教学和考核的依据。（3）认证框架（Australian Recognition Framework，ARF）：指导职业技术教育与培训机构的资格确认、注册以确保培训质量。

㊸ ［澳］西蒙，马金森著，严慧仙，洪淼译：澳大利亚教育与公共政策［M］. 浙江：浙江大学出版社，2007：101 - 103

㊹ ［澳］西蒙，马金森著，严慧仙，洪淼译：澳大利亚教育与公共政策［M］. 浙江：浙江大学出版社，2007：111 - 114

㊺ 李玉静，孙琳. 澳大利亚职业教育管理体制和运行机制的特点及启示［J］. 职业技术教育，2014（35）：89 - 93

㊻ 孙欣欣. 澳大利亚职业教育培训包：优势与劣势［J］. 职业技术教育，2014（9）：36 - 38

㊼ AQF Implementation Handbook（third edition），Australian Qualification Framework Advisory Board 2002，P10

表3-3　澳洲普通教育、职业教育和高等教育的纵向衔接、横向贯通

普通教育	职业教育	高等教育
		博士学位 (Doctoral Degree)
		硕士学位 (Master Degree)
	职业教育硕士文凭 (Vocational Graduate Diploma)	硕士文凭 (Graduate Diploma)
	职业教育硕士毕业证书 (Vocational Graduate Certificate)	硕士证书 (Graduate Certificate)
		学士学位 (Bachelor Degree)
		副学士学位 (Associate Degree)
	高级文凭 (Advanced Diploma)	高级文凭 (Advanced Diploma)
文凭 (Diploma)	文凭 (Diploma)	四级证书 (Certificate IV)
	三级证书 (Certificate III)	
二级证书 (Certificate II)	二级证书 (Certificate II)	
一级证书 (Certificate I)	一级证书 (Certificate I)	
高中毕业证书 (Senior Secondary Certificate of Education)		

　　培训包（Training Package，TP），也称培训指南（Training Roadmaps，TR），是澳大利亚国家培训制度的重要组成部分，是其国家培训框架（National Training Framework，NTF）的核心部分之一，为学员和培训机构提供优质的、全国统

一的培训内容和教学资源及技能鉴定标准，同时也为澳洲职业教育课程开发提供指导性文件。培训包的开发由澳大利亚国家培训局（ANTA）提供资助，委托国家行业培训顾问机构，以及一些其他被认可的行业机构和公司开发的。企业也可以开发培训包，但是必须达到与行业培训包相同的质量标准。培训包标准规定行业各岗位从业人员所应具备的文化知识、技能和素质标准，其中必不可少的能力标准有工作技能、工作管理技能、事故处理技能与他人合作的技能[48]。每个培训包主要包括两部分内容：第一部分是国家认证，这是培训包的主体，包括能力标准、国家资格和鉴定指南三个部分；第二部分是非国家认证，对培训包认证部分的补充，是注册培训机构办学的指导性材料，主要由学习方法指导、鉴定材料、教学辅助材料三方而组成。培训包是由行业制定、全国统一且通用的资格体系和能力标准，但培训班并不是一成不变的，它需要不断更新和维护，原则上是每三年就要进行一次重新修订，修订后还需要相关部门对其进行重新认证。每次更新都对国家资格及能力标准进行微小的调整，使之更有利于培训包的实施。

3. 澳大利亚 TAFE 学院契合企业技能化发展的策略

（1）专业设置和教学设备与企业发展同步

TAFE 学院的专业设置、教学内容通常根据产业需求而开设或调整，社会需要什么就培训什么，同时会及时淘汰社会不需要的专业，对开设的专业各学院有极大的灵活性和自主性。教学内容与行业标准、就业岗位要求一致，一般没有固定教材，教师根据联邦政府国家培训管理局和州教育培训部总体规划及评估内容和标准选择教学内容。在教学过程中更注重实践操作，强化动手能力，培训形式有多种，如脱产培训、工作中培训、在职培训、学员工作实践、模拟工作现场培训，也可以多种方式交叉培训。"用中学、学中用、即学即用"等教学模式使从业者按照能力等级逐步提高自己胜任工作的技能。

TAFE 学院的教学设备和实训设备是社会上最先进的，学校设备的先进程度与更新情况与行业同步，甚至超前。这就保证了学生到企业后，能够更快地操作和使用先进的设备。但也同时保留着传统的旧式设备，供学生了解、掌握不

⑱　叶之红．澳大利亚职业教育培训促进全民学习终身学习的经验［J］．教育发展研究，2003（Z1）：152 – 156.

同设备的操作技术。这是因为，企业之间的发展水平存在着不平衡的现象，有更新水平先进化的，也有更新速度慢的，即使是在同一个企业内部，也不一定能够整齐划一地全部更新为先进的设备。这种理念是符合实际的、科学的，也是与时俱进的。

（2）行业主导、政府协作的办学机制

澳大利亚培训质量框架 AQTF 确立了行业在国家培训系统中的主导作用。2005 年澳洲联邦政府发布的《使澳大利亚技能化：职业教育和培训的新方向》和《联邦州政府实现澳大利亚劳动力技能化 2005 - 2008 协议》中指出行业和企业领导和参与将渗透到新培训系统的所有方面，包括职业教育与培训的宏观决策，参与 TAFE 职业教育办学操作规范、学校管理、教师队伍、实训基地建设、教学质量评估等整个过程。另外，TAFE 学院办学所立足和发展的方向是行业的需求，行业需要什么样的人才决定学院培养什么样的人才。企业发展新需求和市场发展新动态成为了 TAFE 学院发展的外部驱动力，TAFE 学院的生存和发展则依赖于企业，为企业服务。澳大利亚政府对职业教育从决策、规划和质量监督等方面给予支持和帮助，对未来的行业技能需求提供建议并制定相应的培训计划，确保澳大利亚在未来的发展中具备高技能、创新型劳动力。政府每年对行业技能理事会（Industry Skills Councils）提供拨款，同时对其提出更高的工作要求。每个行业技能理事会确保就业服务机构为失业人员提供适宜的培训，防止社会结构性失业和技能过于集中造成浪费的局面发生。

（3）课程具有严格的认证标准

澳大利亚基本上每年都出台课程认证标准，该认证标准主要有课程认定要求和课程设计标准。课程认定要求为：①课程必须符合行业、企业和社区需求；②提供适当的能力结果和令人满意的评估基础材料；③符合国家质量保证要求；④符合学历资格框架的适当水平[49]。课程设计的具体标准为[50]：①课程是基于既定产业企业、教育、立法（或社区）需要而开发的；②课程是经有国家认可能力的单位开发的，与培训包的开发手册要求相一致，与已认可的培训包的资质

---

[49]　Standards for VET Accredited Courses 2012 ［EB/OL］. http：//www. comlaw. gov. au/De-tails/F2013L00177.

[50]　石伟平，匡瑛. 比较职业教育 ［M］. 北京：高等教育出版社，2012：84

没有任何重复；③有些达到与国家学历资格框架描述相一致的课程或者满足既定行业、企业、社区需要的课程，但却没有满足培训资格所需广度和深度的课程也可得到认证；④业已证明确实为专业或行业机构适用的课程；⑤设计必须符合课程结构原则；⑥评估证明课程是适切的，效果是显著的；⑦提供了适当的教育信息与路径；⑧有指定的具体学习要求，有具体限制学习的条件；⑨指定了课程评价的具体策略，如评价是有效的、可靠的、灵活的和公平的，证据是充分的、有效的、真实的和当前的，评价标准与相关培训包要求一致，确保满足相关工作场所与监管的需求，能辨别判断现场评估与模拟现场评估的技能表现；⑩有适当的支付模式导向、限制课程支付和基于工作培训需求的建议；有专门的设备与资源，有职业技能培训教师和必不可少的课程发行顾问；整个认证评估期间要确保课程内容和结果随时可被复查，且始终保障复查材料与评估内容的高度相关性。

（4）严格的教师"准入制度"

澳大利亚的职教师资队伍由培训师、技能鉴定师、专职教师、兼职教师组成。

培训师和技能鉴定师需要具备职教教师四级资格证书（TAE40110 certificate Ⅳ in training and assessment，CIVTAA）或同等资格，CIVTAA 是澳大利亚专门针对从事职业教育与培训工作的培训包，这是一个跨行业的培训标准，要求受培训者具有较宽泛的理论知识和很强的专业技能，只有通过该培训包学习的人员，才能取得成为职教教师的资格。TAFE 学院对专职教师的知识、技能、素质的要求十分严格和明确：一是任教者要取得所授专业的硕士学位；二是任教者要取得教育专业的本科文凭；三是任教者要有 3~5 年与专业教学相关的行业专业实践工作经验或经过培训，并取得教师四级资格证书。具体规定会因州和专业不同有些差异，但实践经验、技能证书、教育学习，这三者缺一不可。除此之外，还必须具备熟练的教学方法，还要具备培养学生创新的能力，教育学生如何做人等要求。而兼职教师大都要求经验丰富的专业技术人员，拥有很强的实践能力，并且在任职期间接受一到两年的师范教育，以获得教师职业的资格证书。[51] 教师入职以后，TAFE 学院或各培训机构还要定期对教师的教学工作进

---

[51] 赵聪. 澳大利亚 TAFE 学院师资建设 [J]. 黑龙江教育学院学报，2010（12）：30 - 32.

行评估，并且提供在职培训的机会，以保障师资质量。此外，培训机构的职教教师也直接受到学生的监督与考核，其教学工作的各个环节都在学生的监督之下，学生可以向学校或是上级教育主管部门反映教师教学情况或是提出意见，直到问题得到解决[52]。

（5）多方位质量保证体系

首先，澳大利亚政府构建严格的质量管理体系和国家培训框架，并有相关行政管理部门进行宏观管理确保 TAFE 学院的教学质量，如联邦教育、科学和培训部（DEST）负责有关教育、培训、国家政策咨询、战略规划等；澳大利亚国家培训局（ANTA）制定职业教育与培训的国家政策、战略规划和政府拨款计划；各州和地区的行业培训咨询机构（TIAB）负责确定全国行业对培训的需求、咨询，并编写基于能力的职业教育培训包。澳大利亚大学质量保障署（Australia University Quality Agency，简称 AUQA）代表政府、工商业界和社会的利益及要求，对澳大利亚大学还有 TAFE 学院的质量进行客观、公正、准确、严格的检查，并将质量审核结果全部公诸于众。[53] 其次，行业参与 TAFE 学院的整个教学过程，对学院的课程设置、办学规模、实训基地建设、经费计划等做出宏观决策和管理，对教育和培训标准的制定发挥主导作用。行业、企业除参与教学外还为学院的发展投资，因为行业或企业已认识到劳动者的知识和技能对企业发展竞争力的重要性，意识到对员工的培训是一项回报率很高的投资，因此他们积极主动地加强投资的力度[54]。第三是 TAFE 学院"以学生为中心"、"以市场为导向"、"模块化教学"等多种教学理念应用在教学中，注重学生动手能力的培养，良好的师资和实训环境为保证教学质量打下坚实的基础。

4. 澳大利亚职业教育对我国职业教育的启示

（1）将教学观念从"以教师为中心"向"以学生为中心"转变

澳大利亚的上课教室多为理实一体化教室，有些课直接在实训基地边讲边

---

[52] 闫辉，李国和，蔡玉俊. 澳大利亚 TAFE 师资培养模式研究［J］. 职业教育研究，2016（6）：88 – 92

[53] 刘琳. 澳英高等职业教育质量保障机制初探［J］. 当代教育理论与实践，2009，1（5）：99 – 101.

[54] 尹一萍. 澳大利亚 TAFE 学院质量保障体系研究——以新南威尔士州北悉尼学院为例［D］. 上海师范大学硕士学位论文，2012.5

练，教学形式以学生训练为主，老师讲授为辅。而我国职业教育中"老师讲的多、学生练的少""照本宣科"的教学现象还普遍存在，对于职业教育，我们更应该以实际操作为主，理论讲授为辅。澳大利亚属于小班上课，一个老师只带几个学生，老师即可胜任理论教学也可胜任实践教学，而我们的师生比要远远大于澳大利亚的师生比，"双师型"老师的水平也有待提高。另外。澳大利亚职业教育的教学模式非常灵活，根据不同层次学生的不同需求制定与之匹配的教学方案，如案例教学、模拟实训、课堂讨论等形式，教师把学习的主动权交给学生⑤，学生在实践中运用理论知识解决实际问题，在实践中不断提升自己的技术技能水平。针对我国高职学生的状况，可借鉴澳大利亚的经验，利用学分制采用能力等级教学，根据高职生的特点探索多种校园学习途径，充分利用网络技术建立全方位的大教学体系，充分调动学生学习的积极性，从学生的"要我学"变为"我要学"。

（2）构建全国统一的职业能力标准与资格认证体系

澳大利亚拥有全国统一的能力标准，即培训包，它是澳大利亚所有注册的TAFE 学院和培训机构组织教学与考核的标准，学生经过培训如果能达到职业能力标准的考核要求即可获得全国统一的职业资格证书，这给我国获取职业资格证书很大的启示。虽然我国已出台了《国家职业标准》，但我国仍然欠缺一套职业能力培养目标明确、能力等级划分清晰、资格认定完善的职业能力标准体系及相关的资格认证体系，这套体系的缺乏导致全国所有的职业院校"各自为政"，在专业设置、课程标准、能力标准以及课程开发等各个环节都存在着较大的差异⑤。因此，我们应当从行业企业发展需要和社会经济发展需求出发，成立专门的职能部门对未来各行业的劳动力市场需求进行调研，结合智能制造背景下各行业发展前景进行预测，有针对性地开发职业能力标准，并逐步形成以该职业能力标准为核心的职业资格证书的考评机制，进而形成一套完善的全国统一的职业能力标准及资格认证体系，职业院校根据此标准完成课程目标制定、课程内容的选择，从而保障在全国统一的职业能力标准与资格认证框架下具有

⑤ 李丽娟，范继业，马丽锋. 澳大利亚职业教育对我国的启示＊［J］. 职业教育研究，2013（10）：174－175.

⑤ 赵侠. 澳大利亚资格框架体系研究［D］. 西南大学硕士学位论文，2014.04

相同的人才培养质量的实现。

（3）以国际化视野加快我国职业教育发展

国际间的交流、合作和师生互换成为澳大利亚职业教育重要特色之一，澳大利亚每年接收来自中国、印度、马来西亚、越南、印度尼西亚的留学生最多，他们注重在全球化的国际背景下增设具有国际意义的专业课程和课程目标，积极开展联合办学和国际合作，这给我国的职业教育发展带来很大启示。我国在《国家中长期教育改革和发展规划纲要（2010－2020年）》就明确提出："加强国际交流与合作，坚持以开放促改革、促发展，开展多层次、宽领域的教育交流与合作，提高我国教育国际化水平。"随着智能制造全球化发展趋势，培养具备国际化视野、国际交流能力、国际竞争能力的未来人才才能把握住未来智能制造业发展的主动权⑤⑦，目前，随着《中国制造2025》提出的由制造业大国向制造业强国迈进的战略目标，我国经济逐渐向全球化方向发展，教育国际化趋势日益凸显，我国已加强高等教育大学师生的国际交流，但对高职师生的国际交流关注度还不够。高职教育国际化也是未来世界高等职业教育发展的重要趋势，政府应该为高职教育牵线搭桥，扩大我国职业教育的影响力，有力促进我国职业教育的快速发展。

（4）建立持续改进的动态质量保障体系

澳大利亚的培训包每三年就根据企业技术发展进行修订补充，同时国家标准框架也进行相应的修改。我国的职业教育质量保障体系也应采取持续改进的动态体系来加以完善。职业教育的发展始终与技术的发展和人的发展相关联，现在经济发展速度、科学技术发展速度、产业转换与升级速度均超出人们的想象，所以说，职业教育的人才培养规格也要需要根据企业发展需求不断完善与创新，以适应智能制造的发展要求，与企业需求协同发展。因此，我国政府应建立专门部门对企业发展新动态及时捕捉，快速向职业院校传递各类行业信息，准确分析人才需求，使职业教育不断完善培养目标、课程体系、教学方法、教学监测等内容，最大限度地提升人才培养质量。

---

⑤⑦　刘玉．教育国际化视野中的高等职业教育——关于我国高等职业教育国际化现状及发展的思考［J］．南京广播电视大学学报，2014（4）：14－17.

3.4　本章小结

本章通过对比分析国外发达国家职业教育应对智能制造的发展策略，研究发现：从学历对接上看，发达国家职业教育与普通高等教育在学历上有很好的衔接；从培养质量上看，在发达国家企业都积极参与职业教育；从资格认证上看，发达国家具有全国统一的框架标准。

第四章

基于智能制造的高职模具专业职业能力研究

在前文中已分析了智能制造对模具行业和高职模具专业就业岗位的影响，模具智能制造企业供给侧结构改革势必会使高职模具专业的职业能力需求发生变化。本书通过洋葱模型理论明晰了职业能力应包含的主要内容，利用新职业主义理论论述了智能制造视域下高职模具专业职业能力需重新构建的必要性，运用 DACUM 工作分析法对三大工作领域的工作任务进行分析，运用德尔菲法邀请企业专家对高职模具专业职业能力构成要素进行挖掘，然后采用多维尺度分析法对筛选后的构成要素重新进行组合，采取专家咨询法对组合后的能力进行解读并重新定义，最后通过调查问卷的方式对职业能力指标体系的有效性及合理性进行验证与完善。

4.1 职业能力构建的理论基础与实践依据

任何一项研究都离不开理论支撑和依据。胜任力理论、DACUM 工作分析法、德尔菲法和新职业主义理论为本节的职业能力构建提供了理论基础，教育部的相关文件和《悉尼协议》的国际能力要求为职业能力构建提供了实践依据。从胜任力理论角度看，使高职生树立"技能成才"的理念对职业能力培养非常重要；从新职业主义理论看，培养具备高技能、高弹性和协同合作精神的劳动者应成为新职业教育的培养目标。

4.1.1　理论基础

1. 胜任力理论

1973 年，哈佛大学教授戴维德·麦克利兰（David·McClelland）在《美国心理学家》杂志上发表《测量胜任力而非智力》（*Testing for Competency Rather Than Intelligence*），该研究成果为评价企业员工的胜任力提供了研究方法。

（1）冰山模型

麦克利兰在研究企业员工的胜任力时建立了一种模型，称之为冰山模型，如图 4-1 所示。水面以上的外显部分是知识和技能，这两部分容易获得和测量，可利用学习、培训等手段来发展或改变。而水面下面隐藏的部分是自我观念、动机和特质，它们难以测量并且不容易被外界改变，但对人们的表现起着关键的作用。

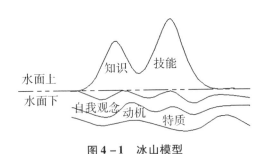

图 4-1　冰山模型

能力好比冰山，浮出水面的部分，即知识与技能通过考试、资格证书等具体形式能观察结果，可通过学习、培训等手段来提高。隐藏在水面下面的部分，即自我观念、动机和特质是人内在的部分，必须通过具体的行为表现才能观察出来，其内在的主观能动性对工作的影响很大，是区分一般员工与优秀员工的关键要素。莱尔·斯潘塞（Spencer L·M）和塞尼·斯潘塞（Spencer S·M）认为，企业招聘人才时不仅要考察知识和专业技能，更要从个人品质、动机、自我认知等多方面综合考虑。

（2）洋葱模型

美国学者理查德·博亚特兹（Richard Boyatzis）对冰山模型的各要素进行层次划分，形成层层包裹的洋葱结构，故取名为洋葱模型。洋葱模型的最内层动机为核心,然后是个性、自我形象与价值观、态度,最外层为知识和技能,如图4-2所示。

图4-2 洋葱模型

洋葱模型对能力层次性的表述比冰山模型更容易让人理解。个性是个体对外部环境反应的方式与特性;动机是个体行动的内在驱动力;自我形象是个体对自身行为的评价;态度是个体对自我形象和价值观的定位;价值观是个体外化的结果;知识是个体所拥有的某一领域信息;技能是个体能完成某项工作的能力,洋葱模型比冰山模型对胜任力构成要素的划分层次更加鲜明。

依据洋葱模型,智能制造视域下高职模具专业的胜任力应具备:一是知识,智能制造视域下模具专业既要有本专业的知识,还要具备跨学科的基础知识;二是技能,智能制造下的技能是综合性的技能,与传统制造模式下的技能相比,这种技能更注重应用知识解决问题的能力,由原有的操作型技能向知识型技能转变,由生产型技能向生产服务型技能转变;三是职业态度,据麦克思公布的调研数据,目前,高职毕业生的失业率很高。因此,培养高职生对模具专业的兴趣,使他们对模具产生职业认同,在工作中具备大国工匠精神显得非常重要;四是价值观,高职生的工作岗位多处于底层,很容易使他们产生厌倦情绪,所以让学生树立"技能成才"的社会价值观,具备良好的职业道德非常重要;五是自我形象,高职院校培养的是应用型人才,所以高职生未来应是技能之师、工匠之师;六是个性特质,虽然个性特质是一个人内在的品质,但通过后天的教育也是可以改变的,个性特质包括协同合作、团队精神、沟通交流等;七是动机,这里的动机主要指学习动机,高职生中有很多学生有厌学情绪,21世纪是知识爆炸的时代,不学习知识和技能将来难以立足。前两个要素具有显性的特征，可量化、可测量；后五个要素具有隐性的特征，不易测量，但对一个人的职业发展起决定性作用。

2. DACUM 工作分析法

DACUM（Develop A Curriculum）工作分析法是 20 世纪 60 年代加拿大为了更好地教学和培训而提出的一种分析职业能力的方法。它是通过分析工作中的任务或职务从而确定某一职业应具备的专项技能和综合能力的方法。后来，逐渐成为一种科学、高效的职业分析方法，被人们广泛应用。为更好地确定某职业或工作领域所需具备的能力范畴，DACUM 常采用的方法为头脑风暴法，邀请行业专家对某职业领域的工作任务、职业能力进行描述。

本次邀请模具智能制造企业的专家共 8 人，他们均具备高级职称，选择他们基于两点，第一，他们具备丰富的模具专业知识，了解模具智能制造过程；第二，他们具有较强的市场前瞻性和人际交流沟通能力。分析方法如下。首先，向专家介绍本次被邀请目的；其次，采用头脑风暴法描述对于高职生而言可完成的工作任务，这些工作任务由哪些工作单元组成，以及完成这些工作任务所需的设备、工具等；再次，详细描述完成工作任务需要达到的能力要求；最后，将所有专家的描述结果进行汇总。

经研究讨论，按照模具全生命周期工作顺序，从生产前、生产中、生产后三个工作领域对工作任务及能力要求进行汇总，如表 4-1 所示，此分析主要针对企业，不包含前文所述的职业态度、个性特征、价值观、动机等因素，是一个动态的空间分析过程，而高职模具专业职业能力分析是一个平面分析过程，表 4-1 为分析高职模具专业学生应具备的职业能力奠定了基础。

表 4 - 1　工作任务分析

工作领域	工作任务	工作单元	能力描述
生产前	智能管理	订单管理	●能将各级生产计划转换为相应的物料需求计划 ●能根据作业计划统计实现车间在制品的管理
		客户管理	●能对用户产品信息进行筛选、分类，使之系统化、条理化 ●能根据用户产品需求，提前做好生产准备 ●能够将用户产品运输信息及时与物流网点精确衔接
		外协管理	●能进行企业内部数据平台原材料、外购件、外协件信息统计，提前做好采购准备和管理 ●能对定购单和采购单进行录入、维护、批准、合并等操作，并能实现由定购单生成采购单的操作 ●能向供应商提供电子采购合同
	模具智能设计	全三维产品设计	●能进行夹具设计 ●能进行模具 CAD 的结构设计 ●能对模具产品进行创新设计
		CAM 程式设计	●能利用 CAM 软件进行智能化程式设计 ●能够对设计后的零件进行虚拟制造
		模块化组件设计	●能够进行模块化、标准化、数字化设计 ●能够进行标准化、可拆解的设计 ●能够在开放动态环境中协同完成设计任务

工作领域	工作任务	工作单元	能力描述
生产前	智能制程工艺	CAPP 制程工艺	●能利用 CAPP 软件对零件工艺规划进行验证 ●能利用 CAPP 软件对装配工艺规划进行验证
		CAE 仿真分析	●能利用 CAE 软件对零件结构进行分析 ●能利用 CAE 软件对流体进行分析 ●能利用 CAE 软件对运动轨迹进行分析
	智能编程	CNC 编程	●能对复杂模具零件进行数控编程 ●能够根据不同的加工精度选择合适的刀具 ●能够根据运动轨迹的仿真对程序进行调试
		CMM 检测编程	●能对三坐标测量仪进行编程 ●能掌握精密检测设备的使用，确保测量数据的准确性
		工业机器人编程	●能利用软件对工业机器人运动轨迹进行编程 ●能利用软件对程序进行仿真验证
生产中	智能生产	CNC 加工	●能快速根据产品加工信息向加工设备输送程序 ●能快速对生产过程进行加工前检验
		特种加工	●能掌握特种加工技术 ●能使用特种加工设备进行产品加工
		3D 打印	●能够利用 3D 打印设备进行产品加工 ●能够利用 3D 打印技术进行产品创新
		工业机器人控制	●能理解工业机器人控制和传感器的应用 ●能将工业机器人与数控设备进行融合使用

工作领域	工作任务	工作单元	能力描述
生产中	智能生产	GF 加工方案	●能掌握高速加工中心、电火花、线切割管控 ●能掌握三坐标、机器人的管控 ●能掌握智能生产线的操作与维护
	智能检测	设备监控	●能掌握分布式、嵌入式技术基础知识及应用 ●能通过采集到的数据分析出生产参数的设置是否合理，并可进行远程参数设置
		生产数据分析	●能利用现场视频采集设备在线生成数据，将员工、设备、生产效率之间的对应关系进行近景分析 ●能通过采集到的数据分析出生产参数的设置是否合理，并可进行远程参数设置
		CMM 检测	●能对三坐标测量仪进行编程 ●能掌握精密检测设备的使用，确保测量数据的准确性
		品质检测	●能掌握精密检测设备的在线使用，确保测量数据的准确性 ●能通过网络及时发现产品质量异常及异常的趋势
生产后	智能服务	模具远程监控	●能掌握模具装配与调试的理论与实践 ●能对用户的智能模具使用情况进行数据化管理 ●能对智能模具进行远程监控及提供维修服务 ●能通过模具产品故障分析及用户诉求，发现企业潜在的问题
		模具再制造服务	●能掌握模具修复新技术 ●能掌握特种加工技术 ●能掌握模具的逆向成型修复技术，对有质量问题的产品及时修复
		技术服务	●能够为用户提供技术服务咨询 ●能应对客户投诉，及时给予处理，并积极地进行协调

3. 德尔菲法

德尔菲法（Delphi Method）是由美国兰德公司创立，它是通过广泛征询专家意见进行技术预测的方法，也称专家意见法。是采用背对背匿名发表意见的方式，即专家之间不得互相谈论，只与调研人员发生联系，专家组成员经过2至4轮反复填写调查表，最终获得趋于一致的判断成果。当文献资料不足、数据不充分或预测模型须主观判断时，此方法会收到意想不到的功效。目前在军事领域、医疗保健、经营策略、人口预测、教育预测等领域得到广泛使用。

智能制造视域下高职模具专业人才培养的研究尚处于探索性阶段，该领域的文献相当少，并且对智能制造视域下高职模具专业的职业能力分析目前是空白的，为了更进一步地验证高职模具专业的职业能力构成要素，本书利用德尔菲法邀请更多企业专家对智能制造视域下高职模具专业职业能力构成要素进行咨询。具体实施方案如下：

（1）专家遴选

德尔菲法需要从模具智能制造企业遴选15至50名专家级从业者，本书邀请了20位智能模具制造企业的管理人员、技术骨干作为企业专家，他们均具有高级职称，是企业的管理者或领导者。选择他们基于两点，一是他们具备丰富的专业知识、较强的洞察力和人际沟通能力；二是他们处于管理岗位或领导岗位，其对职业能力的分析有一定的代表性。

（2）制定与分发第一轮调查表

本书以表4-1的智能模具制造企业典型工作任务分析为依据，参照《悉尼协议》国际能力要求和教育部对高职模具专业提出的培养目标编制了针对企业专家的《智能制造视域下高职模具专业职业能力调查表》（见附录1）。首先向专家介绍本研究的目的，然后向专家发放调查表。

（3）回收第一轮调查表并整理结果

在本轮中共收到37项职业能力要素（见附录2），主要涉及项目管理、模具设计、制程工艺、编程、智能生产、智能检测、职业道德、团队精神、协同合作、自主学习等方面。

（4）制定与分发第二轮调查表

根据第一轮调查问卷结果制定了第二个调查表，将第一轮调查表的统计结果及第二轮调查表再次寄给企业专家。在第二个调查表中要求企业专家对认可的职业能力进行勾选。根据专家意见的集中程度和专家建议，经修订后，又对企业专家进行了回访，最终形成了统一的认识。

4. 新职业主义理论

20世纪70年代末，为了使职业教育适应信息技术的发展需求，英国率先提出"新职业主义"理论，它对西方国家及日本产生了深远的影响。新职业主义者认为：现代化的生产与以往机械式生产不同，它是更富有"人性"的生产；只能从事单一的、刚性的泰勒主义或福特主义生产流水线的工人难以适应现代化的工作需求；从业者需具有宽泛的职业知识、灵活的适应能力和自我学习能力；构建一个全新的职业教育体系，培养具备高技能、高弹性、协同合作精神的劳动者成为新职业主义的主要目标之一。

新职业主义者提出，新科技在工业中的应用，引发生产组织的变化，对工作内容赋予新的变化，尤其是工作任务相比以前出现更多的不确定性，这种不确定性就需要从业者灵活地运用知识对出现的问题进行分析、判断，然后做出决策。由于工作任务的不确定性，也要求从业者具备更为宽泛的知识，不仅需要理论知识的支撑，还要依托职业经验创新性地完成工作任务。同时，新职业主义者认为，现代从业者处于自动控制时代，他们的职业需要面对市场的不断变化和日益缩短的生产周期，需要对所从事的行业进行全面而透彻地理解。由于学校的教育不可能向受教育者提供其一生所需的知识与技能，所以要普及终身教育的理念。由于现代化生产模式下工作任务的完成更多地依赖劳动者对知识的理解和对生产全过程的整体把控，所以职业教育要重视对学生智能的开发，把培养人的全面发展作为教育原则，不应局限于单一技能或过窄的职业能力培养。

依据新职业主义理论，我们可以看出，有必要对智能制造视域下高职模具专业职业能力进行重新构建。

（1）从技术变迁对模具制造业人才技能的影响分析

智能制造改变了原有的制造业生产模式、思维模式和创新模式，它通过生产过程中的网络技术，实现实时管理和跟踪生产。技术变迁使模具制造业生产一线设备的操作能力变得简单化，而知识变得复杂化。智能制造生产模式下工作任务的不确定性，使原有的固定职业技能服务终身的思想意识难以立足，以后的企业需求将是职业流动性岗位对"全"才的需求。这与新职业主义提出的"新科技在工业中的应用，引发生产组织和工作内容不确定性的变化，要求从业者具备更为宽泛的知识和创新性地完成工作任务"的论断相一致。由此可见，高职模具专业学生除掌握基本专业能力外，还要具备运用综合知识解决问题的能力。

（2）从智能制造对模具制造业生产业态的影响分析

智能制造技术在模具生产中的应用，引发模具企业功能、企业管理、生产环节、生产模式、生产驱动、生产方式和生产技术等方面发生变化。我国正处于信息化与工业化深度融合的发展期，国内一些顶尖模具企业优先发展智能制造，新一代信息技术与智能装备，如物联网技术、大数据分析、工业机器人、3D打印技术等的应用使生产活动的形态与内涵都发生了巨大的变化。依据新职业主义者，原有的以操作技能为导向的职业能力观，涵盖知识、技能和态度等要素的课程体系，在智能制造视域下已不能完全概括真实的生产活动。在此情况下，从业者需具备跨专业的学术知识和多元化的职业能力才能更好地满足未来的职业要求。

（3）从智能制造对高职模具专业就业岗位的影响分析

智能制造在模具企业的应用，使得模具企业将压缩微笑曲线的中端就业岗位，加大微笑曲线两端技术人员的支撑，从而造就许多新的工作岗位。单从高职生个体素质而言，在校期间很难做到掌握企业岗位所需的所有知识和技能，有许多岗位知识需要依靠自学获得。根据新职业主义者提出的"学校的教育不可能向受教育者提供其一生所需的知识与技能，所以要普及终身教育的理念"，在职业能力培养中应加强对学习能力的培养。

综上所述，技术变迁对模具制造业人才技能的影响、智能制造对模具制造业生产业态的影响、智能制造对高职模具专业就业岗位的影响都符合新职业主义理论，因此，重新构建智能制造视域下高职模具专业职业能力是非常必要的。

3.1.2 实践依据

1. 国家相关文件

2012年，我国在《国家教育事业发展第十二个五年规划》中提出，高职教育重点培养产业转型升级和企业技术创新所需的发展型、复合型和创新型的技术技能型人才。

2014 年，国务院在《关于加快发展现代职业教育的决定》中指出："高职教育要以促进就业为导向，适应技术进步和生产方式变革以及社会公共服务的需要，加快现代职业教育体系建设，深化产教融合、校企合作，培养数以亿计的高素质劳动者和技术技能人才。"

2015 年 5 月，我国提出《中国制造 2025》，把"创新驱动、质量为先、绿色发展、结构优化、人才为本"作为基本方针，把"人才强国"作为制造强国的根本，加快培养智能制造业发展急需的专业技术人才、技能人才、经营管理人才，建设一支素质优良、结构合理的制造业人才队伍，变"人口红利"为"人才红利"，走人才引领的发展道路。

2015 年 11 月，教育部对《高等职业教育（专科）模具设计与制造专业》提出的培养目标为："培养德、智、体、美全面发展，具有良好职业道德和人文素养，熟悉先进的模具 CAD/CAM 软件使用、模具生产企业生产流程与管理等基本知识，具备较强现代模具制造设备操作技能和管理等能力，从事产品成型工艺制定与模具设计、模具制造工艺编制、现代模具制造设备的使用与维护、模具装配与调试、项目管理等工作的高素质技术技能人才。"

综上，国家出台的文件引领高职教育办学方向，为人才培养的能力要求提供指导性建议。

2. 悉尼协议

随着我国"一带一路"国家战略的提出，模具制造业正不断扩大与世界各国的进出口贸易，如图 4 - 3 所示。模具智能制造客观上需要实现全球化设计、生产、管理与服务，模具企业希望高职模具专业培养既懂模具专业知识又能对外交流的高素质人才。然而，我国高职教育缺乏统一的国际认证标准，高职生出国工作其学历不能得到全球的认可。

2016 年，我国本科工程教育成为《华盛顿协议》成员国后，高职院校也在为加入《悉尼协议》而努力。《悉尼协议》是国际范围内被认定影响最大的三个工程技术教育互认协议之一，在成员国之间具有实质等效的作用。《悉尼协议》学制三年，和我国高职教育最为贴近，《悉尼协议》的认证注重"学生的学习成就（Student Outcomes）"，不是看老师教了什么，而是看学生学会了什么，这正是目前高职教育所欠缺的。这种教育称为"成果导向教育（Outcome -

Based Education，OBE）"，OBE 注重学生能力过程的培养，提出"以学生为中心"的教育理念，明确学生在教学实践中"能获得能力和利用该能力能完成什么工作"，采用将"教学活动、教学过程、课程设计都围绕预期实现的学习成果来展开"的教学方法。

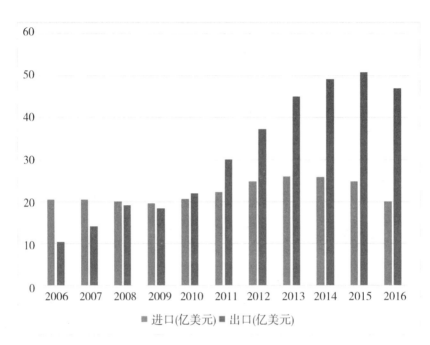

图 4 - 3　我国 2006—2016 年模具进出口情况

数据来源：国家统计局。

随着高职教育队伍的不断壮大，各个学校的教学标准质量参差不齐，于是借鉴国际工程教育成功经验，加入《悉尼协议》成为高职院校追求的目标。2016 年 12 月 27 日，共有 135 所高职院校在南京达成"南京共识"。《悉尼协议》的认证标准不论是培养目标还是课程体系都注重对工程技术人才职业能力与职业素养的综合培养。职业能力是针对某一领域工程技术人员所对应的岗位能力，而职业素养是针对工程技术领域所有岗位，伴随人的岗位不断变换而持续发展的能力，它具有可迁移性。我国高职教育更多地关注职业能力的培养，忽视了对学生职业素养的综合要求。高职学生毕业后大部分直接进入企业工作，身份从"学校人"到现代"职场人"，仅有职业能力难以支撑其后续发展。因此，高职院校在人才培养中要将职业能力和职业素养的综合要求融入培养目标、课程体系和职业能力构建中。

　　综上，我国高职的人才培养定位与国际认证的工程技术专家有很大的差距。目前，我国高职教育普遍存在"重理论轻实践"的教学特点，甚至有些理论课的教学深度和本科没有区别，高职与中职、本科在有些方面确实存在界限不明显的问题。《悉尼协议》对三年工程教育的国际认证要求，为我们明晰了高职生的定位与教育理念。本书把《悉尼协议》的国际能力要求作为提炼高职模具专业职业能力构成要素的参照依据。

4.2　基于智能制造的职业能力分析

　　国家对高职教育提供了许多指导性文件，尤其是教育部于 2015 年颁布了高职模具专业统一的培养目标，但该培养目标在 2013 年进行修订时我国还没有提出大力发展智能制造，所以不能充分体现智能制造的一些因素。《悉尼协议》的培养标准为"工程技术专家"，而我国高职教育与"工程技术专家"的标准还有一定的差距，我们只能借鉴《悉尼协议》而不能完全照搬。因此，本书需重新构建智能制造视域下高职模具专业的职业能力。

4.2.1　职业能力构成要素的确定

　　本书通过对企业专家第二轮调查表的数据统计及专家建议，确定了 28 项职业能力构成要素，初步形成了智能制造视域下高职模具职业能力构成要素的框架，如表 4-2 所示。

表 4-2　智能制造视域下高职模具专业职业能力构成要素框架

序号	构成要素
1	全三维产品设计能力
2	五轴加工中心操作能力
3	模具 CAPP 制程工艺能力

续表

序号	构成要素
4	工业数据分析能力
5	模块化组件设计能力
6	CNC 编程能力
7	数控线切割编程能力
8	CMM 品质检测能力
9	模具 CAE 仿真分析能力
10	AUTOCAM 仿真能力
11	3D 打印技术能力
12	工业机器人控制能力
13	设备监控能力
14	CMM 编程能力
15	遵守社会、健康、安全、法律等方面的方针、政策
16	具备岗位学习能力
17	模具再制造服务能力
18	具备工匠精神与创新能力
19	具备团队合作精神与全局意识
20	具备良好的职业素养
21	能够清晰表达设计的具体思路、方案、措施等
22	外语应用能力
23	客户管理能力
24	电子订单管理能力
25	项目主计划管理能力
26	外协管理能力
27	模具远程监控能力
28	具有适应社会发展的学习能力

4.2.2 职业能力构成要素的多维尺度分析

为了对高职模具专业职业能力的构成要素进行合理研究及挖掘，用定量的方法找出职业能力构成要素距离较近的元素并进行聚类再加工，由于受访者不止一个，采用考虑个体差异的多维尺度分析方法进行研究。

1. 多维尺度分析的基本原理

多维尺度分析用于研究样本间的相似（不相似）程度。在模糊识别中，利用一个样本相对于另一个样本的空间距离去构建低纬度（2维或3维）的欧式空间，在欧式空间用图形把 n 个客体的图形描绘出来，然后根据点与点之间的距离来判断样本间的相似性。下面先介绍一下古典多维标度分析的思想及方法。

设 r 维空间中的 n 个点表示为 X_1，X_2，$\cdots$，X_n，用矩阵表示为 X ＝（X_1，X_2，$\cdots$，X_n）'。在多维标度法中，我们称 X 为距离阵 D 的一个拟合构图，求得的 n 个点之间的距离阵 $\dot{D}$ 称为 D 的拟合距离阵，$\dot{D}$ 和 D 尽可能接近。如果 $\dot{D}$ ＝ D，则称 X 为 D 的一个构图。

我们假设有 n 个对象对应欧氏空间的 n 个点，其距离阵为 D，它们所对应的空间的维数为 r，第 i 个对象对应的点记为 X_i，则 X_i 的坐标记作 X_i ＝（X_{i1}，X_{i2}，$\cdots$，X_{ir}），设 B ＝（b_{ij}）$_{n \times n}$，其中：

$$b_{ij} = \frac{1}{2}(-d_{ij}^2 + \frac{1}{n}\sum_{j=1}^{n}d_{ij}^2 + \frac{1}{n}\sum_{i=1}^{n}d_{ij}^2 - \frac{1}{n^2}\sum_{i=1}^{n}\sum_{j=1}^{n}d_{ij}^2)$$

d_{ij}^2 为 i 对象与 j 对象之间的距离。那么，如果一个 $n \times n$ 的距离阵 D 是欧氏距离阵的充要条件是 B≥0。

首先考虑必要性，设 D 是欧氏距离阵，则存在 X_1，X_2，$\cdots$，$X_n \in \mathrm{R}^r$，使得

$$
\begin{aligned}
\mathrm{d}_{ij}^2 &= (x_i - x_j)'(x_i - x_j) \\
&= x_i'x_i + x_j'x_j - x_j'x_i - x_i'x_j \\
&= x_i'x_i + x_j'x_j - 2x_i'x_j
\end{aligned}
\tag{4-1}
$$

$$\frac{1}{\mathrm{n}}\sum_{i=1}^{n}d_{ij}^2 = x_j'x_j + \frac{1}{n}\sum_{i=1}^{n}x_i'x_i - \frac{2}{n}\sum_{i=1}^{n}x_i'x_j \tag{4-2}$$

$$\frac{1}{\mathrm{n}}\sum_{j=1}^{n}d_{ij}^2 = x_i'x_i + \frac{1}{n}\sum_{j=1}^{n}x_j'x_j - \frac{2}{n}\sum_{j=1}^{n}x_i'x_j \tag{4-3}$$

$$\frac{1}{n}\sum_{j=1}^{n}(\frac{1}{n}\sum_{i=1}^{n}d_{ij}^2) = \frac{1}{n^2}\sum_{i=1}^{n}\sum_{j=1}^{n}d_{ij}^2$$

$$= \frac{1}{n}\sum_{i=1}^{n}x_i'x_i + \frac{1}{n}\sum_{j=1}^{n}x_j'x_j - \frac{2}{n}\sum_{i=1}^{n}\sum_{j=1}^{n}x_i'x_j$$

$$(4-4)$$

由 (4-1)、(4-2)、(4-3) 和 (4-4) 式，得知

$$b_{ij} = \frac{1}{2}(-d_{ij}^2 + \frac{1}{n}\sum_{j=1}^{n}d_{ij}^2 + \frac{1}{n}\sum_{i=1}^{n}d_{ij}^2 - \frac{1}{n^2}\sum_{i=1}^{n}\sum_{j=1}^{n}d_{ij}^2)$$

$$= \frac{1}{2}(2x_i'x_j - \frac{2}{n}\sum_{j=1}^{n}x_i'x_j - \frac{2}{n}\sum_{i=1}^{n}x_i'x_j + \frac{2}{n}\sum_{i=1}^{n}\sum_{j=1}^{n}x_i'x_j)$$

$$(4-5)$$

$$= (x_i'x_j - x_i'\bar{x} - \bar{x}'x_j + \bar{x}'\bar{x})$$

$$= (x_i - \bar{x})'(x_j - \bar{x})$$

其中，$\bar{x} = \frac{1}{n}\sum_{i=1}^{n}x_i$。用矩阵表示为：

$$B = (b_{ij})_{n\times n} = \begin{pmatrix} (x_1 - \bar{x})' \\ \vdots \\ (x_n - \bar{x})' \end{pmatrix} (x_1 - \bar{x}, \cdots, x_n - \bar{x}) \geq 0$$

B 为 X 的中心化内积阵。

再来考虑充分性，如果假设 B≥0，我们欲指出 X 正好为 D 的一个构图，且 D 是欧氏型的。

记 $\lambda_1 \geq \lambda_2 \geq \cdots \geq \lambda_r$ 为 B 的正特征根，λ_1，$\lambda_2 \cdots \lambda_r$ 对应的单位特征向量为 e_1，e_2，$\cdots e_r$，$\Gamma = (e_1, e_2, \cdots, e_r)$ 是单位特征向量为列组成的矩阵，则 $X = (\sqrt{\lambda_1}e_1, \sqrt{\lambda_2}e_2, \cdots, \sqrt{\lambda_r}e_r) = (x_{ij})_{n\times r}$，X 矩阵中每一行对应空间中的一个点，第 i 行即为 X_i。令

$\Lambda = diag (\lambda_1, \lambda_2, \cdots, \lambda_r)$，那么

$$B = XX' = \Gamma\Lambda\Gamma'$$

$$(4-6)$$

$$X = \Gamma\Lambda^{1/2}$$

即 $b_{ij} = X'_{ixj}$。由于，

$$b_{ij} = \frac{1}{2}(-d_{ij}^2 + \frac{1}{n}\sum_{j=1}^{n}d_{ij}^2 + \frac{1}{n}\sum_{i=1}^{n}d_{ij}^2 - \frac{1}{n^2}\sum_{i=1}^{n}\sum_{j=1}^{n}d_{ij}^2),$$

因此，

$$(X_i - X_j)'(X_i - X_j) = X_i'X_i + X_j'X_j - 2X_i'X_j$$
$$= b_{ii} + b_{jj} - 2b_{ij}$$
$$= d_{ij}^2$$

这样说明 X 正好为 D 的一个构图，D 是欧氏型的。

通过上面的讨论我们知道，只要按公式（4-5）求出各个点对之间的内积，求得内积矩阵 B 的 r 个非零特征值及所对应的一组特征向量，据公式（4-7）即可求出 X 矩阵的 r 个列向量或空间 n 个点的坐标。

但是，在实际问题中，我们涉及更多的是不易量化的相似性测度，按照古典多维的的方法，每个受访者对能力进行两两相似评测就会得到一个相似矩阵，而每个相似矩阵确定一个感知图，往往我们想要的是所有受访者共同的感知图而非每个人的感知图。因此，更为优化的解决方式是采用权重多维标度法进行分析。

设由 m 个个体对 n 个对象进行比较评测，得到 m 个 $n \times n$ 不相似（相似）矩阵，然后将其转换为距离阵。每个距离阵都有自己的拟合构造空间，权重个体差异欧氏距离模型通过给予不同个体不同的权重综合得到 m 个个体的公共拟合构造空间。设 X_{it} 表示 i 对象在公共拟合构造空间的 t 维坐标，则对于 i 对象第 k 个个体在公共拟合构造空间的 t 维坐标为 $Y_{it}^{(k)}$

$$Y_{it}^{(k)} = w_{kt}^{1/2} X_{it} \tag{4-8}$$

其中，$w_{kt}^{1/2}$ 为第 k 个个体在 t 维的权重。对于第 k 个个体，对象 i 和 j 的欧式距离为：

$$d_{kij} = \sqrt{\sum_{t=1}^{r} (Y_{it}^{(k)} - Y_{jt}^{(k)})^2} \tag{4-9}$$

将（4-8）式代入（4-9）式可得

$$d_{kij} = \sqrt{w_{k1}(X_{i1} - X_{j1})^2 + \cdots w_{kr}(X_{ir} - X_{jr})^2} \tag{4-10}$$

注意：（4-10）式中的 $w = (w_{k1}, w_{k2}, \cdots w_{kr})'$ 是个体间唯一不同的参数，而分析对象在公共感知图中的坐标则所有个体都不同。在此基础上可依据古典多维标度法求内积的（4-5）式得到如下公式：

$$b_{kij} = \frac{1}{2}\left(-d_{kij}^2 + \frac{1}{n}\sum_{i=1}^{n}d_{kij}^2 + \frac{1}{n}\sum_{j=1}^{n}d_{kij}^2 - \frac{1}{n^2}\sum_{i=1}^{n}\sum_{j=1}^{n}d_{kij}^2\right)$$

$$= \sum_{t=1}^{r}w_{kt}X_{it}X_{jt} \qquad\qquad (4-11)$$

Carroll 和 Chang 采用非线性迭代最小平方法求得 X 的最优解，得到公共拟合构造点。

2. 多维尺度分析的结果分析

我们从前面的 20 位企业专家中根据其参与的积极性和回复的快慢程度挑选出 10 位，又从正进行模具智能制造专业改革的高职院校邀请了 5 位高职模具专业教师和教研室主任作为校级专家（均具备副教授及以上职称）共 15 位作为受访者，对 28 个职业能力构成要素两两比较打分，受访者根据两者间的距离打分，采用 7 分制，分值越小表示距离越近，表明相似程度越大，最终形成 15 个 28×28 的矩阵。

本书利用 SPSS19.0 对 15 个矩阵数据进行分析，由表 4-3 数据可以看出，在 4 次迭代后的 S-stress Improvement（S 应力）值为 0.00054，小于指定值 0.001，所以达到了收敛标准。

表 4-3 迭代记录

Iteration history for the 2 dimensional solution (in squared distances)		
Young's S – stress formula 1 is used.		
Iteration	S – tress	Improvement
1	.22789	
2	.17354	.05435
3	.16999	.00354
4	.16945	.00054
Iterations stopped because		
S – stress improvement is less than .001000		

表 4-4 给出 Stress（应力）和 RSQ（平方相关系数）值，它们是多维尺度分析的信度和效度的估计值。Stress 是信度指标，反应模型的拟合劣度，百分比

越大说明模型拟合越差。RSQ 是效度指标，反应模型拟合优度，值越大说明模型拟合越好，一般在 0.6 是可以接受的。本书的 Stress 为 0.14416，RSQ 为 0.89372，说明模型拟合良好。

表 4-4　Stress（应力）和 RSQ（平方相关系数）值

Stress and squared correlation（RSQ）in distances

RSQ values are the proportion of variance of the scaled data（disparities）

in the partition（row, matrix, or entire data）which

is accounted for by their corresponding distances

Stress values are Kruskal's stress formula 1.

For matrix

Stress = .14416　RSQ = .89372

表 4-5 为 28 个职业能力构成要素在二维空间的坐标值，表中的 X1 至 X28 代表 28 个构成要素。

表 4-5　二维导出构形表

Configuration derived in 2 dimensions			
Stimulus Coordinates			
Dimension			
Stimulus Number	Stimulus Name	1	2
1	X1	1.1938	-1.1249
2	X2	1.3632	.2745
3	X3	1.0526	-.1344
4	X4	1.3949	.5949
5	X5	1.7999	-1.1228
6	X6	1.7648	.1985
7	X7	1.2171	.2978
8	X8	.9835	-.0613

续表

9	X9	1. 2274	- . 5460
10	X10	. 5515	1. 3366
11	X11	- . 0675	. 8706
12	X12	- . 4022	1. 2339
13	X13	. 0375	1. 4972
14	X14	1. 0428	. 4697
15	X15	- . 5070	- 1. 0569
16	X16	- . 3881	. 0499
17	X17	- . 4020	. 8565
18	X18	. 0232	- . 5399
19	X19	- 1. 2028	- . 8544
20	X20	- 1. 5954	- . 3485
21	X21	. 0082	- 1. 1771
22	X22	. 0316	- . 3472
23	X23	- 2. 2758	- . 5464
24	X24	- 2. 1130	- . 1730
25	X25	- 1. 7753	- . 0971
26	X26	- 1. 9032	- . 3687
27	X27	- 1. 1110	. 8169
28	X28	. 0513	. 0017

图 4 - 4 的 "个别差异（加权的）Euclidean 距离模型" 即为多维尺度分析图，该图把反应变量之间相似程度的坐标在平面上排列出来，通过观察哪些散点比较接近，将变量进行聚类，并寻找散点之间相关性的合理解释。

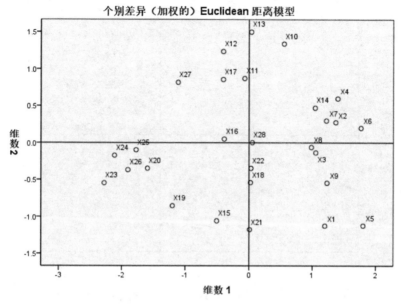

图 4 - 4 多维尺度分析图

从图 4 - 4 可以看出，虽然有些构成要素在二维空间分布较为分散，但仍可从它们的接近程度上找出意义相关的要素，从中提炼出各项能力来。通过对比表 4 - 2 构成要素的内容，将 28 个构成要素分成 11 个组，在图 4 - 5 中将意义相关的要素用圈标注了出来。

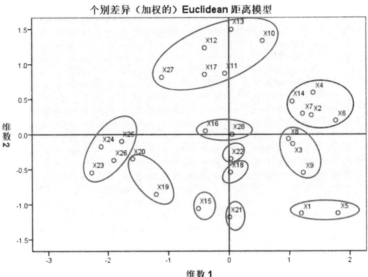

图4-5 圈画后的多维尺度分析图

4.2.3 职业能力指标的初步确定

本书利用多维尺度分析法初步筛选了11组内容相关性较强的要素,我们让前述的15位专家对11组要素的内涵从整体大局上进行合理挖掘,参照德国现代职业能力的划分,专家们将高职模具专业的职业能力从专业能力、方法能力和社会能力三个维度进行分类。对11组要素的能力构建如下:

1. X10、X11、X12、X13、X17、X27 主要包括:AUTOCAM 仿真能力、3D 打印技术能力、工业机器人控制能力、设备监控能力、模具再制造服务能力、模具远程监控能力,可以概括为"智能制造新技术的综合应用能力",属于专业能力范畴。

2. X2、X4、X6、X7、X14 主要包括:五轴加工中心操作能力、工业数据分析能力、CNC 编程能力、数控线切割编程能力、CMM 编程能力,可以概括为"智能模具加工能力",属于专业能力范畴。

3. X16、X28 主要包括:岗位学习能力、适应社会发展的学习能力,可以概括为"自我学习能力",属于方法能力范畴。

4. X23、X24、X25、X26 主要包括:客户管理能力、电子订单管理能力、项目主计划管理能力、外协管理能力,可以概括为"模具项目管理能力",属于专业能力范畴。

5. X19、X20 主要为团队合作精神与全局意识、良好的职业素养,可以概括为"职业道德",属于社会能力范畴。

6. X3、X8、X9 主要包括:模具 CAPP 制程工艺能力、CMM 品质检测能力、模具 CAE 仿真分析能力,可以概括为"智能软件应用能力",属于专业能力范畴。

7. X1、X5 主要包括:全三维产品设计能力、模块化组件设计能力。可以概括为"模具智能设计能力",属于专业能力范畴。

8. X21 主要为能够清晰表达设计或加工的具体思路、方案、措施等,可以概括为"沟通交流能力",属于社会能力范畴。

9. X22 主要为外语应用能力,可以概括为"沟通交流能力",属于方法能力范畴。

10. X15 主要为遵守社会、健康、安全、法律等方面的方针、政策,可以概括为"遵守法律法规",属于社会能力范畴。

11. X18 主要为工匠精神与创新能力,可以概括为"社会责任感",属于社会能力范畴。

对上述结果需要说明的是,后四个能力均由一个源要素组成,专家们认为,"遵守法律法规""社会责任感"都是现代职业人应具备的能力,它们应作为独立能力要素包含在职业能力中。虽然 X21 和 X22 未能圈画在一起,但属于同一能力范畴,应进行合并。

综上,高职模具专业职业能力指标的构成如表 4-5 所示。

表4-5　高职模具专业职业能力指标的构成

一级指标	二级指标	三级指标
专业能力	模具智能设计能力	全三维产品设计能力
		模块化组件设计能力
	智能模具加工能力	五轴加工中心操作能力
		工业数据分析能力
		CNC 编程能力
		数控线切割编程能力
		CMM 编程能力
	智能制造新技术的综合应用能力	AUTOCAM 仿真能力
		3D 打印技术能力
		工业机器人控制能力
		设备监控能力
		模具再制造服务能力
		模具远程监控能力
	智能软件应用能力	模具 CAPP 制程工艺能力
		CMM 品质检测能力
		模具 CAE 仿真分析能力
	模具项目管理能力	电子订单管理能力
		项目主计划管理能力
		外协管理能力
		客户管理能力
方法能力	自我学习能力	具备岗位学习能力
		具有适应社会发展的学习能力
	沟通交流能力	能够清晰表达设计或加工的具体思路、方案、措施等
		外语应用能力
社会能力	职业道德	良好的职业素养
		团队合作精神与全局意识
	社会责任感	工匠精神与创新精神
	遵守法律法规	遵守社会、健康、安全、法律等方面的方针、政策

4.3 基于智能制造的职业能力指标体系的确定

4.3.1 调查问卷的编制

本书采用调查问卷作为职业能力指标的验证工具（调查问卷见附录3），向模具智能制造企业的管理人员、技术骨干等企业专家（包括前面提到的专家）发放调查问卷50份，向正进行模具智能制造专业改革的高职院校专家（包括前面提到的模具专业教师及教研室主任）发放调查问卷30份，共回收76份，剔除答案全部一样的问卷（如全部是1分，或全部是5分）以及没有答完的问卷，有效问卷共73份，有效回收率达91.25%。本调查问卷使用Likert 5分量表对各能力的评价尺度按照"一点都不重要"到"非常重要"5个等级进行评定。专家在进行评价的同时，还对一些指标做出了修改的建议。

4.3.2 二级能力指标的数据分析

二级能力指标重要性得分，采用重要性得分 $= \dfrac{\sum 各级票数 \times 等级权重分}{总票数}$ 来计算。

各级权重按照：一点都不重要为20，比较不重要为40，一般为60，比较重要为80，非常重要为100。我们对有效问卷进行统计，结果分析见图3-6。

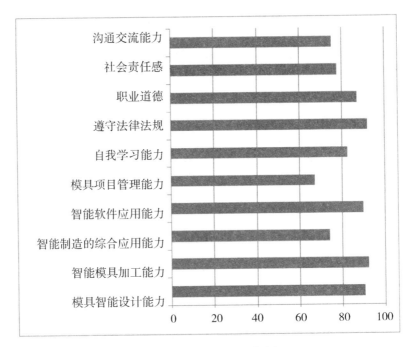

图 4 - 6 二级指标重要性分析

从图 4 - 6 可知,专家对十项二级指标中的六项重要性认可度得分在 82 分以上,但对模具项目管理能力的重要性认可度得分为 67 分。有四位专家建议将"智能模具加工能力"改为"智能装备编程与数据分析能力"。

针对专家的建议,根据数据统计分析结果和小组的讨论,意见如下:对于"模具项目管理能力"认可度低的原因主要是:专家们认为"模具项目管理能力"属于管理层的工作范畴,高职生不具备这样的能力,对于是否还要此能力指标,课题小组认为"模具项目管理能力"也属于模具全生命周期的管理环节,并且从天津电子信息职业技术学院已毕业的 2016 届模具专业学生反馈的信息看,模具企业鼓励学生从接单、设计、加工、交付等任务由个人完成,能胜任的学生月工资约 9000 元,因此,该能力应保留。对于将"智能模具加工能力"改为"智能装备编程与数据分析能力",课题组认为改后的描述更为精确,因此采纳。通过分析讨论,将高职模具专业职业能力的二级指标确定为"模具智能设计能力""遵守法律法规""智能软件应用能力""智能装备编程与数据分析能力""职业道德""自我学习能力""社会责任感""沟通交流能力""智能制造技术的综合应用能力""模具项目管理能力"。综上,智能制造视域下高职模具专业职业能力二级指标结构图,如图4-7所示。

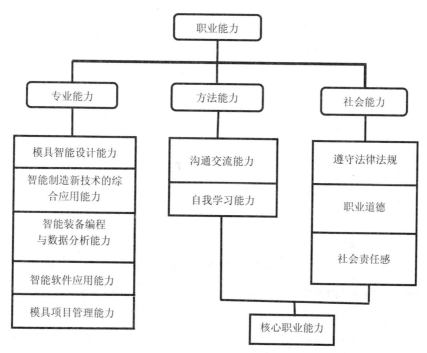

图4-7 智能制造视域下高职模具专业职业能力二级指标结构图

4.3.3 三级能力指标的数据分析

三级能力指标重要性得分计算方法同二级能力指标。

1. 模具智能设计能力的重要性分析

对"模具智能设计能力"的重要性进行分析,数据结果如图4-8所示。

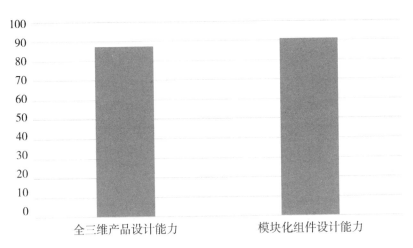

图 4 - 8　模具智能设计能力的重要性分析

从图 4 - 8 统计结果可以看出，专家对模具智能设计能力打分都在 85 分以上。由此可见，该能力应作为高职生必备的专业能力。有两位专家认为此能力应增加"模具设计与制造专业知识"。

针对专家的建议，根据数据统计分析结果和小组的讨论，意见如下：对增加"模具设计与制造专业知识"的建议，经小组讨论认为，依据洋葱模型理论，应增加知识因素，因此，认可专家的建议，予以采纳。综上所述，二级能力指标"模具智能设计能力"包含的三级指标有"模具设计与制造专业知识"、"全三维产品设计能力"和"模块化组件设计能力"。

2. 智能制造新技术的综合应用能力的重要性分析

对"智能制造技术的综合应用能力"的重要性进行分析，数据结果如图 4 - 9 所示。

从图 4 - 9 统计数据可以看出，"设备监控能力"得分 63.17 分，表明有些专家对此能力不太认可。有三位专家认为"设备监控能力"没必要作为一种独立的能力培养。

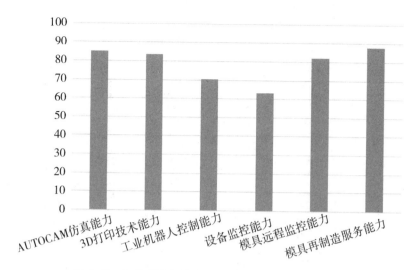

图4-9　智能制造新技术的综合应用能力重要性分析

　　针对专家的建议，根据数据统计分析结果和小组的讨论，意见如下：对删除"设备监控能力"的建议，经过小组讨论认可专家的建议，因此，予以采纳。综上所述，二级能力指标"智能制造技术的综合应用能力"包含的三级能力指标为"AUTOCAM仿真能力""3D打印技术能力""工业机器人控制能力""模具远程监控能力""模具再制造服务能力"。

　　3. 智能装备编程与数据分析能力的重要性分析

　　对"智能装备编程与数据分析能力"的重要性进行分析，数据结果如图4-10所示。

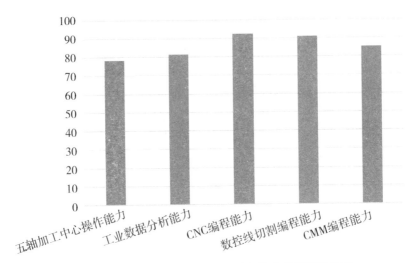

图 4 – 10　智能装备编程与数据分析能力的重要性分析

从图 3 – 10 统计数据可以看出，专家对"CNC 编程能力"和"数控线切割编程能力"的重要性认可度得分在 90 分以上，表明专家对此能力的意见较为一致。由此可见，这些能力应作为高职生必备的专业能力。有一位专家建议将"工业数据分析能力"改为"精密检测数据分析能力"。

针对专家的建议，根据数据统计分析结果和小组的讨论，意见如下：对"工业数据分析能力"改为"精密检测数据分析能力"的建议，大家认为"精密检测数据分析能力"描述更贴切实际，因此，予以采纳。综上所述，二级能力指标"智能装备编程与数据分析能力"包含的三级能力指标为"五轴加工中心操作能力"、"精密检测数据分析能力"、"CNC 编程能力"、"数控线切割编程能力"和"CMM 编程能力"。

4. 智能软件应用能力的重要性分析

对"智能软件应用能力"的重要性进行分析，数据结果如图4-11所示。

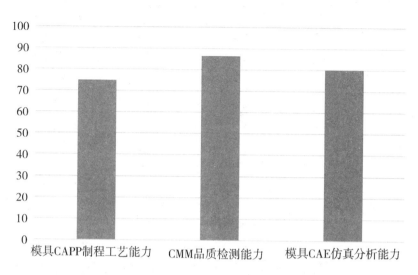

图4-11 智能软件应用能力的重要性分析

从图4-11统计结果可以看出，专家对"CMM品质检测能力"打分相对较高，高职生相对本科生而言动手能力强，所以，此能力应作为高职模具专业学生必备的专业能力。相对来说，"模具CAPP制程工艺能力"重要性得分较低，经大家讨论认为：模具产品生产工艺规划涉及优化加工参数、提高生产效率和产品质量分析等问题，要求综合能力高，而高职生实践经验相对少，较难胜任，这符合实际情况。专家对"智能软件应用能力"的指标没有提出异议，表明专家对此能力指标的认可度较为一致。综上所述，二级能力指标"智能软件应用能力"包含的三级能力指标为"模具CAPP制程工艺能力"、"CMM品质检测能力"和"模具CAE仿真分析能力"。

5. 模具项目管理能力的重要性分析

对"模具项目管理能力"的重要性进行分析，数据结果如图4-12所示。

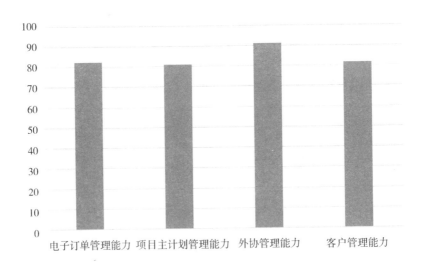

图 4 - 12 模具项目管理能力的重要性分析

从图 4 - 12 统计结果可以看出，"电子订单管理能力"重要性得分在 80 分以上，表明专家希望高职生具备这样的能力。这些能力在传统的教学中没有涉及，随着信息技术在企业的应用，高职模具专业今后应增加对模具项目管理能力的培养。有一位专家提出增加"为用户提供综合技术服务能力"的建议。

针对专家的建议，根据数据统计分析结果和小组的讨论，意见如下：对增加"为用户提供综合技术服务能力"的建议，经过小组讨论认为，虽然该能力能体现高职生的综合技术水平，但高职生毕竟不是企业员工，且目前校内实践条件与企业真实生产环境存在差距，此能力对学生而言要求太高，不易纳入高职阶段的职业能力体系，因此不予采纳。综上所述，二级能力指标"模具项目管理能力"包含的三级能力指标为"电子订单管理能力"、"项目主计划管理能力"、"外协管理能力"和"客户管理能力"。

6. 自我学习能力的重要性分析

对"自我学习能力"的重要性进行分析，数据结果如图 4 - 13 所示。

从图 4 - 13 统计结果可以看出，专家认为具备岗位学习能力、具有适应社会发展的学习能力非常重要。由此可见，该能力应作为高职生必备的方法能力。有一位专家提出增加培养学生"具备持续学习的意志和品质"的建议。

针对专家的建议，根据数据统计分析结果和小组的讨论，意见如下：对增加培养学生"具备持续学习的意志和品质"的建议，经小组讨论认可专家的建议。综上所述，二级能力指标"自我学习的能力"包含的三级指标有"具备岗位学习能力"、"具有适应社会发展的学习能力"和"具备持续学习的意志和品质"。

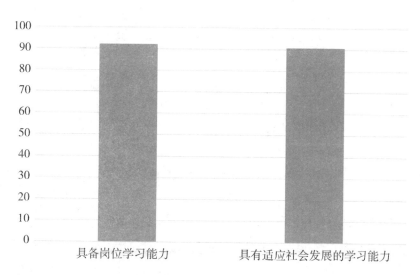

图4-13 自我学习能力的重要性分析

7. 遵守法律法规的重要性分析

通过对"遵守法律法规"的重要性数据分析，专家一致认为此能力非常重要，没有提出其他建议。综上所述，二级能力指标"遵守法律法规"包含的三级指标是"遵守社会、健康、安全、法律等方面的方针、政策"。

8. 职业道德的重要性分析

对"职业道德"的重要性进行分析，数据结果如图4-14所示。

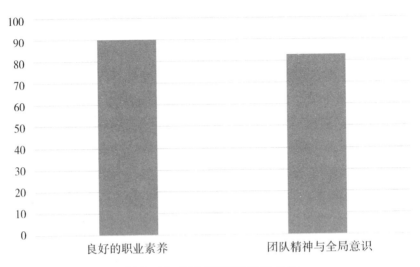

图 4 - 14   职业道德的重要性分析

从图 4 - 14 统计数据可以看出，专家对构成"职业道德"的两项指标的重要性认可度得分均在 82 分以上，尤其是对职业素养的认可度得分在 90 分以上，表明专家对此能力的意见较为一致。由此可见，应重视对高职生职业素养的培养。对职业道德的能力指标没有提出其他建议。

综上所述，二级能力指标"职业道德"包含的三级指标有"良好的职业素养""团队精神与全局意识"。

9. 社会责任感的重要性分析

通过对"社会责任感"的重要性数据分析，专家一致认为此能力比较重要，有一位专家提出应增加培养学生"具有保护社会环境的责任"的建议。

针对专家的建议，根据数据统计分析结果和小组的讨论，意见如下：对增加培养学生"具有保护社会环境的责任"的建议，经小组讨论认可专家的建议。综上所述，二级能力指标"社会责任感"包含的三级指标是"工匠精神与创新精神"和"具有保护社会环境的责任"。

10. 沟通交流能力的重要性分析

对"沟通交流能力"的重要性进行分析，数据结果如图 4 - 15 所示。

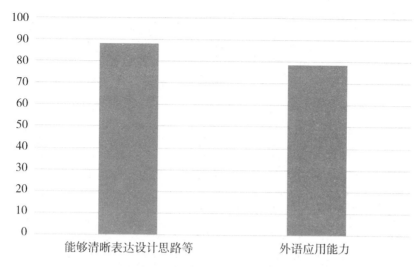

图 4 - 15　沟通交流能力的重要性分析

从图 4 - 15 统计数据可以看出，专家对沟通交流能力的意见较为一致。由此可见，沟通交流能力是一项重要的社会能力。有两位专家提出沟通交流能力不应只体现在说上，也应该体现在写上，如撰写模具设计文档等。

针对专家的建议，根据数据统计分析结果和小组的讨论，意见如下：对增加培养学生"撰写模具设计文档"的建议，经小组讨论认可专家的建议。综上所述，二级能力指标"沟通交流能力"包含的三级指标有"能够清晰表达设计或加工的具体思路、方案、措施等"、"外语应用能力"和"能够撰写模具设计文档"。

4.3.4　基于智能制造职业能力指标体系的确定

经过专家调查问卷数据分析和小组讨论，最终确定了高职模具专业职业能力指标体系，共 3 项一级指标，10 项二级指标和 31 项三级指标，如图 4 - 16 所示。

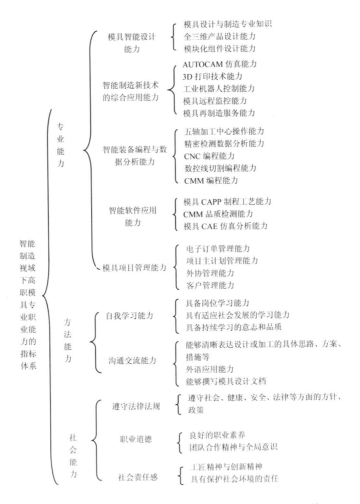

图 4-16　智能制造视域下高职模具专业职业能力指标体系

4.4　本章小结

　　本章主要研究了智能制造视域下高职模具专业职业能力。以胜任力理论和新职业主义理论为理论基础，利用 DACUM 工作分析法，从"生产前、生产中、生产后"三个领域研究模具智能制造企业的工作任务，并以此为基础，同时参照国家相关文件和《悉尼协议》国际能力要求编制调查问卷，利用德尔菲法初步确定了 28 项高职模具专业职业能力的构成要素，利用多维尺度分析法对筛选后的要素从专业能力、方法能力和社会能力进行聚类分析，构成了职业能力的三级能力指标体系，然后通过调查问卷对指标体系进行有效性、合理性研究，最终确定了职业能力指标体系的构成，即 3 项一级指标、10 项二级指标和 31 项三级指标。

第五章

基于智能制造职业能力的高职模具专业课程体系的构建

从前文可以看出，模具智能制造企业对高职生提出新的职业能力要求，并且随着生产的自动化，简单重复劳动由工业机器人代替人完成，使高职生在生产一线的工作任务变得越来越少。而高职院校原来多把高职生培养成生产一线的操作人员，显然，现有的课程体系已不能支撑职业能力的培养。因此，本章对智能制造视域下高职模具专业的课程体系进行重新构建。

5.1 课程体系构建的相关理论

5.1.1 能力本位教育理论

能力本位教育（Competency Based Education，CBE），始于20世纪60年代，是20世纪80至90年代风靡世界的一股职业教育与培训的思潮，其核心是从职业岗位需求出发，强调以获得岗位群所需职业能力为教学目标，而不是以追求学历或学术知识体系为教学目的。

本书依据能力本位教育理论带来的启发，将高职模具专业课程体系根据职业能力需求进行开发。能力本位教育理论主要应用于确定课程目标、选取课程内容、组织课程内容、实施课程评价。

1. 确定课程目标

课程目标是教学目标确定的依据，它是能力本位教育的具体体现。确定能力本位的课程目标主要考虑以下四个方面的需求：第一，学习者的需求。高职院校的学生选择职业院校大多数是为了获得良好的职业技能以便更好地就业，因此，使学生掌握企业所需的综合职业能力，树立正确的职业观、价值观，具备职业迁移能力是课程目标确定的主要任务。第二，社会发展的需求。学生未来的发展与社会发展需求戚戚相关，课程目标要与社会发展一致，保证学生能适应未来社会发展的变化。第三，学科发展的需求。能力本位教育与实践活动最直接、最接近，课程目标的确定要体现学科技术发展所需的知识与能力要求。第四，职业发展的需求。能力本位教育是为某一职业培养人才，职业自身发展规律对学习者有着客观要求。因此，课程目标的确定要考虑职业发展的必备能力要素。

2. 选取课程内容

课程内容的选取取决于课程目标。将职业能力目标转化成课程目标，在课程目标实现的过程中要对课程内容进行科学地筛选，课程内容既要满足职业能力培养的要求，又要保证学生知识、技能与素质的全面发展。

3. 组织课程内容

当课程内容确定后，科学地组织课程内容是课程目标实现的关键。美国著名的课程论专家拉尔夫·泰勒在1949年撰写的《课程与教学的基本原理》中，对组织课程内容提出要遵循三个原则，即连续性（continuity）、顺序性（sequence）和整合性（integration），为课程内容的横向与纵向组织提出总的指导思想。

4. 实施课程评价

课程评价是课程实施过程中对教学活动与课程标准达成度的评判。通过评判及时发现课程开发中存在的问题，以期对课程目标、课程内容、课程组织不断完善与修正。由于智能制造视域下高职模具专业课程体系开发的知识、范例、实验等可能由于开发时间短存在不足，因此，更应对课程进行评价。

利用能力本位教育理论构建智能制造视域下高职模具专业课程体系的可行性分析：

第一，从高等职业教育的培养目标分析

2011年，教育部在《关于推进高等职业教育改革创新引领职业教育科学发展的若干意见》中提出"高等职业教育以培养生产、建设、服务、管理第一线的高端技能型专门人才为首要任务"。高等职业教育以培养高素质技术技能型现代职业人为目标，注重学生职业能力的培养。由此可见，高等职业教育的职业性、技术性、技能性决定了它与能力本位教育有着密切的联系。

第二，从国家加快发展现代职业教育及企业调研分析

2014年，国家提出要加快发展现代职业教育，决定指出要加快现代职业教育发展体系，适应技术进步、生产方式变革和社会服务的需要，培养数以亿计的高素质技术技能型人才。通过到国内模具智能制造企业调研发现，在生产前、生产中、生产后三个工作领域，高职生就业岗位的工作内容均发生了变化。由此可见，以能力本位教育的课程论既符合学习者、社会发展、学科发展和职业发展的需求，也符合现代职业教育课程改革的需求。

第三，从职业能力分析

从前文对高职模具专业职业能力分析可以看出，模具智能设计能力、智能模具加工能力、模具项目信息化管理能力、沟通交流能力等，都具有实践性的特点，而职业能力培养离不开课程体系的支撑。因此，高职课程目标既有对职业能力的认知，也有对知识的呈现，由此可见，高职课程体系与能力本位教育密切相关。

综上，从高等职业教育的培养目标、国家加快发展现代职业教育及企业调研、职业能力分析都符合能力本位教育的课程理论，因此，利用能力本位教育的课程论构建智能制造视域下高职模具专业课程体系具有可行性。

5.1.2　范例教学理论

"范例教学"是20世纪60年代产生于德国的一种重要的教学理论，其代表人物有瓦根舍因（Wagenschein，M.）、埃贝林（EBeling）等。范例教学理论强调课程内容的"基本性、基础性和范例性"，范例教学论的提倡者主张首先让学生学习学科中最基本的知识与理论，让学生掌握学科的基本结构；然后从学生智力发展水平和已有知识经验出发，将教学内容与现实生活及未来发展相联系，并且这些内容还必须是学生向前发展的基础；在选定的基本性、基础性内容中，再精选出典型范例作为教学内容，通过"个别"理解整体，通过"特殊"认识"一般"。范例教学理论中的"基本性"考虑的是学科知识本身，"基础性"考虑的是学生自身智力水平对课程内容的制约，"范例性"则是从教学成效上选取课程内容。

将范例教学理论应用到高职模具专业课程体系的必要性分析：

第一，从高职生自身的基础条件分析

高职模具专业的生源一部分来自春季高考生，一部分来自夏季高考生。从学情分析：这些学生普遍文化基础知识薄弱。高职学生比本科生录取分数低表面上看是分数的差异，实质上是学习能力、接受能力、理解能力等综合能力的差异。范例教学理论强调学科最基本的知识与理论，由此可见，高职课程内容应根据高职生的实际情况讲授最基础的知识，原有课程中高深的理论推导部分内容应摒弃。

第二，从高职人才培养目标分析

高职培养的是应用型人才，对知识的考查主要是看学生能否用所学的知识解决实际工作中的问题，是否具备"职业人"的能力。范例教学理论主张将教学内容与实际相联系，提供学生向前发展的基础。因此，高职课程内容要根据职业能力所需的知识进行精心挑选。

第三，从理实一体化教学方法分析

理实一体化是高职院校普遍采用的教学方法，以典型工作任务为教学载体，以完成一个模具产品工作任务所需要的知识、技能和素质结构设计教学方案，按照产品完成的顺序来安排课程内容并组织相应的教学工作，使得学生了解模具产品的整个流程，并了解各个职业岗位能力的重要性。依据范例教学课程论，要选择典型范例作为教学内容，而不是任何载体都可作为教学内容，否则，教学载体间的连贯性难以保证。

综上，高职生自身的基础条件、人才培养目标和理实一体化教学方法都符合范例教学课程理论。因此，本书将借鉴范例教学的课程论，在课程宏观结构上，把握好课程设置；在课程微观结构上，把握好课程内容的选择与组织，从高职生的实际水平出发，使课程内容既精简又能举一反三，处理好知识的广度与深度关系。

5.2　基于智能制造职业能力的高职模具专业课程体系的构建过程

5.2.1　高职模具专业课程体系的构建思路

本书依据能力本位教育理论和范例教学理论，提出高职模具专业课程体系，它主要包含四个要素：课程目标、课程内容、课程组织和课程评价，如图 5-1 所示。从图中关系可以看出，它们之间是相互联系、环环相扣的关系。

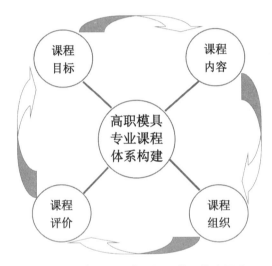

图 5-1　高职模具专业课程体系构建思路

1. 课程目标

课程目标是课程体系构建的基础，其他三个要素都围绕课程目标展开。本书中的课程目标依据前文建立的职业能力而确定，如图 5-2 所示。

为了确保每个学生毕业时能达到规定的职业能力水平，制定课程目标时要做到：

（1）要求每个学生都具备的专业能力要有可衡量的手段；

（2）课程内容的选取要充分考虑高职生的实际水平；

（3）为保证课程的达成度，要有对学习成效评价的工具或手段；

（4）核心课程要重视学生获取知识、技能等学习方法的培养；

（5）要保证课程之间依据职业能力培养顺序有效衔接。

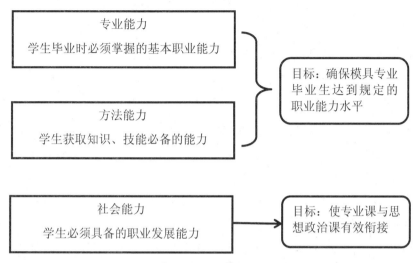

图 5－2　高职模具专业课程目标的确定

2. 课程内容

高职生在模具智能制造企业的设备操作能力将会逐渐弱化，模具企业更渴望学生熟悉模具产品全生命周期生产流程、精通信息化管理、具备物联网技术和数据分析应用能力、能用所学的知识解决智能柔性生产线实际问题、拥有智能制造时代模具"职业人"的综合素质。因此，能力本位教育的课程内容要满足学习者、社会发展、学科发展和职业发展的需求。

（1）满足学习者的需求

面对高职生，模具专业教师教学的迫切任务显然不是传授了多少知识，而是有多少知识真正"装进"他们的大脑。因此，课程内容应以典型范例对知识加以概括，如果学生听不懂就不可能产生人与知识的关系，学生与学习的关系犹如游戏者与游戏的关系，游戏者不以参与者的身份参与其中，永远体验不到玩游戏的乐趣。老师和学生在教学活动中是两大主体，老师输出教学内容，学生输入教学内容，如果老师讲授的内容不能引起学生的兴趣，学生输入的教学信息并不能变成学生自己的知识，它必须经过"信息加工"和"思维"才能变成内在知识，如图 5－3 所示。

图 5 - 3　学生获取知识的链条

高职生是一个特殊的群体,比本科生缺乏学习兴趣,对于他们,教师在进行讲授课程之前应该对教学材料进行组织加工,把复杂的知识转化至学生感兴趣、能接收的程度,学生感兴趣就会接收信息,对获取的信息进行思维处理,变成自己的知识进行存储。如果教师转化后的知识高职生还是难以接受,那么这种知识应该放弃。

(2) 满足社会发展的需求

随着模具智能制造企业岗位间的界限逐渐模糊,高职模具专业学生未来的就业之路充满挑战、机遇与变数。供给侧改革带来的最直接效应就是人才需求结构的改变,"机器人换人"也造成一线普工、普通白领人才需求的下降,同时,模具智能制造企业对高素质技术技能型人才需求将大幅上升。根据制造微笑曲线,未来的智能制造人才将向"研发设计、售后服务"两端倾斜。另外,企业转型升级由过去的外延式快速扩张向内涵式增长模式转变,传统的串联式、岗位边界固定向并联扁平式、岗位无边界转变。

目前,国家、企业和学校形成了宏观、中观和微观的相互关系,国家政策指导智能制造企业发展,智能制造企业发展的需求指导高职人才培养;反过来,高职的人才培养水平制约智能制造企业的发展,企业的发展制约国家总体智能制造水平的提高,形成了"自上而下的指导"和"自下而上的制约"关系。随着模具智能制造的发展,高职模具专业根据模具智能制造企业所需的职业能力,动态调整人才培养方案已成社会发展的必然趋势。

(3) 满足学科发展的需求

智能制造是一场具有颠覆性的工业革命,模具智能化生产形式离不开信息技术的支撑,如在柔性生产线上,人通过信息系统去操控设备,并且人把对设备的感知、对生产任务的分析决策、对系统的认知和学习交由信息系统来完成,人从烦琐的加工岗位中解放出来;智能制造下的模具产品带有芯片,具有通信与感知功能,模具产品在生产过程中实现在线自动检测,售后产品可远程监控等。因此,智能制造视域下的模具专业基础知识既要包括现有的机械制图、模具设计、模具加工制造、模具装配与调试、模具检测等基础知识，又要根据模具智能制造的技术发展，增加传感器原理与应用、人工智能、物联网技术、数据挖掘技术、柔性生产过程智能控制与管理、生产自动化及控制系统等新的信息技术基础知识。

德国的职业教育提出"职业教育4.0"，他们在校企双方共同制定课程体系时注重与智能制造对接的人才培养，而"中国制造2025"与"工业4.0"相同，对从业人员的知识与技能提出更高的要求，尤其是新一代信息技术的理论和实践的灵活运用能力。因此，高职模具专业教材建设应将智能制造企业所需的 IT 技术、物联网技术、数字化制造等融入专业课程中。

（4）满足职业发展的需求

智能制造技术的发展使模具制造业衍生出新的职业能力要求，这种要求造成高职模具专业综合知识的漩涡式拓展和职业能力的螺旋式上升，这需要课程体系与职业能力进行有效地衔接，才能保障高职毕业生获得的职业能力与技术发展保持动态平衡。根据对模具智能制造企业的调研发现，模具智能制造企业是基于产品全生命周期的一体化体系，从信息化管理、协同设计、柔性生产到智能服务，各个生产环节是连续的工程链，智能软件使生产管理和工程链的运行变得快捷和高效。因此，我们应当从模具企业和社会经济发展需求出发，结合智能制造的发展前景，借助集成化、标准化和智能化的软件，在基于产品全生命周期一体化的虚拟制造环境中形成生产前、生产中和生产后相互衔接的课程体系，培养学生全面的职业能力，使学生的职业生涯得到可持续发展。

3. 课程组织

在课程目标、课程内容确定之后，就要对课程内容进行有效地组织。随着智能制造技术的发展，生产过程中所用的知识与能力不是某一门单一课程就能解决的，通常需要若干课程联合共同完成。从企业调研中发现，高职模具专业所需的课程内容出现向纵深发展、横向扩充的特征，原有的基于模具专业知识进行课程组织的方式难以满足智能制造的需求，需对专业课程、跨学科课程采用整合的方式将课程向课程群进行统筹，课程组织形态由一元独立向多元组合转化，以课程群的形式形成课程间的纵向贯通与横向组合，只有这种组合才能在整体上有利于职业能力形成的正向迁移。

4. 课程评价

随着高职模具专业课程内容的重新组合，课程实施不是简单的课程累加，而应更多关注课程实施方案的变化过程，即学生消化、吸收知识的实际效果。由于智能制造视域下的高职模具专业课程实施带有一定的复杂性，有时课程实施难以预料和控制，因此，在课程实施的过程中应进行课程评价。

首先，每门课程与职业能力指标对接，每门课程可能支撑多个能力指标，将能力指标作为课程的评测指标，利用评测指标制订要考察的内容，并制定出优、良、中、及格和不及格五个评测标准；其次，理论课程能力考核主要通过考试的形式来评测，考查内容依据对应的能力指标来设定。实验课程主要考察学生的动手能力、个人协调能力及有效实现工作任务的能力；最后，教师根据学生各个知识点掌握情况进行达成度分析，并根据分析结果提出改进措施。

5.2.2　高职模具专业课程体系的构建原则

高职模具专业主要为企业培养应用型人才，因此在课程体系构建时，要以培养职业能力为核心，基于工作岗位胜任力的内在逻辑关系而建构。课程内容与职业能力培养应具有相关性，课程间要有很强的结构性，且能保证职业能力由低到高的螺旋式上升。

1. 能力本位原则

2011 年，教育部在《关于推进高等职业教育改革创新引领职业教育科学发展的若干意见》中明确提出"高等职业教育以培养生产、建设、服务、管理第一线的高端技能型专门人才为首要任务"。因此，高职模具专业课程体系的构建，必须以能力培养为核心，精准把握模具智能制造企业的需求，确保课程体系能满足新技术和职业发展，实现高素质技术技能型人才的培养。

2. 整合性原则

随着智能制造技术的发展，智能制造使模具制造业在企业功能、企业管理、生产环节、生产模式、生产驱动、生产方式和生产技术等方面均发生了改变，知识多元化已成为智能制造的主流趋势，学科交叉与整合是高职模具专业课程组织的主要方式。以职业能力为主线，将相关模具专业知识、跨学科知识与技术应用整合成多个有序的课程群是课程组织改革的必然选择。

3. 相关性原则

目前，高职教育中的基础类课程，如高等数学、思想政治课等，这些课相对独立，教学中未能与职业能力培养进行有效衔接，基础课与专业课间的相关性较低，各门课处于自由发展的状态。然而，人才培养作为一个有机整体，所开设的课程应相互关联，体现整体性。

德国教育学家 Johann F. Herbart 认为，课程体系中所安排的内容不仅应与培养目标相关，也应与其他学科相关，具有推动其他学科教学的功能，这种紧密或者加强相关的理论称为"集中理论"。高职模具专业课程体系应以职业能力为核心，开设的相关课程应对能力的培养形成合力，此种合力即为"集中"。

4. 螺旋递进原则

基于学生职业能力的养成符合从低到高的成长规律，课程组织应采用螺旋递进方式进行，课程群间的内容是递进的，群内各课程的内容是螺旋上升的。课程群及群内各门课程内容应根据外部环境的变化及时做出调整，面对技术的快速发展变化，消极保守的课程体系必然会阻滞职业教育的发展。

5.2.3 高职模具专业课程体系的开发工具

鱼骨图又名特性因素图，因其形如鱼骨而得名，它是由日本东京大学石川馨教授提出的一种因果分析图，也称为石川图。利用鱼骨的图形结构分析问题可达到透过现象看本质的效果，结构层次分明，整体分析条理清晰，将其应用于课程开发将不容易遗漏知识点，也能使职业能力实现递进培养。本书利用鱼骨图作为课程开发的工具，如图 5-4 所示。

鱼骨图是由鱼尾、若干主脊椎骨、若干鱼刺和鱼头组成，鱼刺分上下两排，其中，鱼尾代表职业能力；若干主脊椎骨代表职业能力培养过程；上排鱼刺代表模具专业知识、跨学科知识、学习组织形式和学习成果；下排鱼刺代表专业能力、核心能力、能力考核和教学环境等；鱼头代表工作目标。

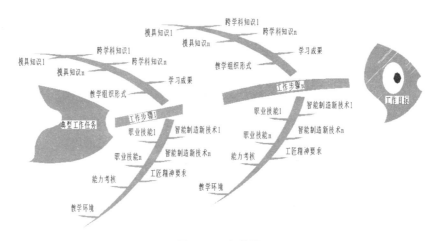

图 5 - 4　鱼骨图

运用鱼骨图，按照典型工作任务的流程来安排教学环节，既可以将相关课程内容有机地结合起来，避免反复讲授重复内容，使课程体系中的课程内容、课程先后顺序与职业能力的培养相符，也可以指导教师把握典型工作任务的工作过程中所含概的专业知识、跨学科知识、核心技能、教学组织形式、能力考核要求等，对教学内容的深度与广度做到心中有数，使学生职业能力在原有能力基础上逐步提高，职业能力培养层次呈现层次性与连贯性。运用这种分析方法打破传统课程体系中各科自成体系的壁垒，能突出专业优势与特色，根据职业能力需求融入跨学科专业知识，满足学生未来职业能力需求。此种方法为高职课程提供有力的研究工具，对高职模具专业课程建设起到积极的促进作用。

5.3　基于智能制造职业能力的高职模具专业课程体系构建

5.3.1　高职模具专业课程目标的确定

课程目标的确定由两个步骤完成，首先，以构建的职业能力指标体系为基础，采用能力分析法，构建高职模具专业 DACUM 职业能力图表，进而确定出高职模具专业课程体系总目标。其次，将总目标与职业能力指标体系进行整合，然后将职业能力要求细化到能够操作的层面，确定出课程具体目标。

1. 构建高职模具专业 DACUM 职业能力图表

虽然 DACUM 在能力本位教育中所占的比重较少，但没有 DACUM 就没有 CBE，它是 CBE 的精髓。本书利用职业能力指标体系，形成高职模具专业的 DACUM 能力图表，如表 5 - 1 所示。

表 5 - 1 高职模具专业 DACUM 职业能力图表

能力名称	具体内容
模具智能设计能力	具备模具设计与制造的相关知识，对模具进行 3D 设计、模块化组件设计，并能对模具设计进行仿真检验
智能软件应用能力	具备使用智能软件进行工艺规划、仿真及对产品质量进行分析的能力
智能装备编程与数据分析能力	能够掌握智能装备的编程与操作能力，并能对加工产品进行检测
智能制造新技术的综合应用能力	能够掌握智能制造新技术，并能利用这些技术解决生产中的实际问题
模具项目管理能力	能够利用相关软件对模具项目进行电子订单、项目主计划、外协管理和客户管理
自我学习能力	具有岗位学习能力和具有适应社会发展的学习能力、品质及意志力
遵守法律法规	能够遵守国家法律法规及企业安全、健康等方针、政策
职业道德	具备团队合作精神、全局意识，在困难面前，具备耐心和执着的精神，显示出良好的职业素养
社会责任感	具备大国工匠精神，并在实践中具有不断探索创新的意识，具有保护社会环境的责任
沟通交流能力	能够同同事、同行、外国企业进行技术沟通交流与合作，能就模具设计撰写设计文档，能积极解决客户问题

2. 确定高职模具专业课程体系的总目标

根据高职模具专业 DACUM 职业能力图表，从知识目标、专业能力目标、方法能力目标、社会能力目标四个方面确定出高职模具专业课程体系培养的总目标，如表5-2所示。

表5-2 高职模具专业课程体系培养的总目标

知识目标：
●掌握模具智能设计与制造所需的数学知识、专业知识和人文知识，并将这些知识应用于模具产品的管理、设计、制造与服务中；
●掌握智能制造技术的相关知识；
●掌握编程与数据分析的相关知识；
●掌握基于智能化、集成化、标准化的 CAX 软件应用；
●掌握模具项目管理的基本知识；
●至少掌握一门外语

专业能力目标：
●具有模具设计的能力；
●具有进行工艺规划、仿真分析等能力；
●具有综合应用智能制造技术的能力；
●具备对高档数控机床、工业机器人、3D 打印设备、精密检测等智能装备的编程与数据分析能力

方法能力目标：
●具有对模具项目管理的能力；
●具有职业发展的自我学习能力

社会能力目标：
●能遵纪守法，具有诚信；
●能够分析模具项目的解决方案对社会、健康、安全、法律的影响，并做出合理评价；
●具有较强的团队意识，团队成员之间相互学习、协同合作，协同好各方利益，有效地解决实际问题；
●能够就模具设计或加工对业界同行及社会公众进行陈述发言，清晰表达设计或加工的具体思路、方案、所采取的措施等；
●能够就模具设计撰写设计文档；
●能够具备外语交流的能力

3. 确定高职模具专业课程体系的具体目标

将高职模具专业课程体系的总目标与职业能力指标体系进行整合，将职业能力细化到能够操作的层面，进而确定出培养职业能力课程体系的具体目标，如表5-3所示。

表5-3 高职模具专业课程体系的具体目标

职业能力二级指标	职业能力三级指标	课程体系的具体目标
模具智能设计能力	模具设计与制造专业知识	●能够具备高等数学等相关知识 ●能够掌握模具设计领域的专业知识 ●能够掌握模具加工领域的专业知识 ●能够掌握金属材料的专业知识
	全三维产品设计能力	●能够熟练掌握模具结构和材料的性能 ●能够利用CAD进行各种冲裁模具、注塑模具的3D结构设计
	模块化组件设计能力	●能够掌握模块化、数字化设计 ●掌握模具标准化、可拆解的设计 ●能够在开放动态环境中协同完成设计任务
智能制造新技术的综合应用能力	AUTOCAM仿真能力	●能够对模具零件进行刀路仿真,并对加工参数进行参数优化 ●能够根据不同的加工精度选择合适刀具 ●能够根据运动轨迹的仿真对程序进行调试
	3D打印技术能力	●能利用3D打印软件进行产品造型设计 ●能够根据设计方案制订3D打印工艺参数 ●能够利用3D打印设备进行产品加工,并能进行后处理
	工业机器人控制能力	●能理解工业机器人控制和传感器的应用 ●能利用软件对工业机器人运动轨迹进行编程与仿真 ●能将工业机器人与数控设备进行融合使用
	模具远程监控能力	●能对用户的智能模具使用情况进行数据化管理 ●能对智能模具进行远程监控及提供维修服务 ●能通过模具产品故障分析及用户诉求,发现企业潜在的问题
	模具再制造服务能力	●能掌握模具修复新技术 ●能掌握冲压模具的逆向成型修复技术,对有质量问题的产品及时修复 ●能掌握可拆解加工与回收

续表

职业能力 二级指标	职业能力 三级指标	课程体系的具体目标
智能装备编程与数据分析能力	五轴加工中心操作能力	●能熟练应用数控编程软件 ●能够熟练掌握五轴加工中心的操作
	精密检测数据分析能力	●能够掌握精密检测设备的操作 ●具备模具表面质量检测的能力
	CNC 编程能力	●能够对模具零件进行编程，并对加工参数进行参数优化 ●能够根据不同的加工精度选择合适的刀具 ●能够根据运动轨迹的仿真对程序进行调试
	数控线切割编程能力	●能够利用软件对厚度较薄的零件进行线切割编程 ●能够对数控线切割路线进行仿真
	CMM 编程能力	●能够对三坐标测量仪器进行编程 ●能掌握精密检测设备的使用，确保测量数据的准确性
智能软件应用能力	模具 CAPP 制程工艺能力	●能够利用 CAPP 对产品进行加工工艺路线和生产工艺规程的制定 ●能够利用 CAPP 软件进行数字化工艺设计与装配工艺方案验证，为制造产品制定最佳工艺方案
	模具 CAE 仿真分析能力	●能够在模具产品设计完成后进行工况强度仿真 ●能够对注塑模具进行模流分析 ●能够模拟模具在高温等条件下的使用状况
	CMM 品质 检测能力	●能够通过分析现场采集到的生产数据及时发现产品质量异常及异常的趋势 ●能通过模具产品故障分析及用户诉求，发现企业的潜在问题

续表

职业能力 二级指标	职业能力 三级指标	课程体系的具体目标
模具项目 管理能力	电子订单 管理能力	●能够掌握模具产品电子订单的编制 ●能对用户产品信息进行筛选、分类，使之系统化、条理化
	项目主计划 管理能力	●能将各级生产计划转换为相应的物料需求计划 ●能根据作业计划统计实现车间在制品的管理 ●能根据零部件的工艺路线来编制车间作业计划
	外协管理能力	●能向供应商提供电子采购合同 ●能对定购单和采购单进行录入、维护、批准、合并等操作，并能实现由定购单生成采购单的操作 ●能够将用户产品运输信息及时与物流网点精确衔接
	客户管理 能力	●能根据产品信息平台掌握售后产品的物流情况 ●能够利用网络组织实现产品信息共享并为用户提供产品信息服务 ●能够为用户提供技术服务
自我学习 能力	具备岗位学习能力	●能够快速适应岗位转换 ●具有较强的应变能力
	具有适应社会发展 的学习能力	●具有适应社会发展的学习能力 ●能不断加强计算机应用的学习能力 ●能持续快速地接受新知识和新技术
	具备持续学习的 意志和品质	●能不断加强模具设计与制造的专业知识及实践经验的积累 ●具有持续学习的意志与品质
遵守法律法规	遵守社会、健康、安全、法律等方面的方针、政策	●在模具设计与制造开发过程中，能够考虑社会、健康、安全、法律以及环境等因素 ●能够分析工程实践和工程问题的解决方案对社会、健康、安全、法律的影响，并做出合理判断 ●能够理解应承担的责任及模具制造业对健康、环境的影响

续表

职业能力 二级指标	职业能力 三级指标	课程体系的具体目标
职业道德	良好的职业素养	●能够热爱祖国，拥护中国共产党 ●具有良好的职业道德 ●具备正确的人生观和价值观 ●能够正确面对困难，具有耐心、执着的精神 ●具备分析问题的能力，并具有坚持完成的信心和决心
	团队合作精神与 全局意识	●作为团队成员或领导者能在多环境下进行模具项目合作 ●具有与其他成员或责任者协调合作的团队精神和能力 ●具有一定的全局意识，能协调各方利益，有效地实现目标
社会责任感	工匠精神与 创新精神	●具有追求技艺精湛的精神 ●具有"工于精、匠于心、品于行"的工匠精神 ●具有创新精神
	具有保护社会 环境的责任	●能够分析模具设计与制造领域的工程实践或解决方案对环境和社会可持续发展的影响 ●能够理解应承担的责任
沟通交流能力	能够清晰表达设计或 加工的具体思路、方 案、措施等	●能够就模具设计或加工等问题与业界同行进行陈述发言 ●能够清晰表达模具设计或加工的具体思路、方案及所采取的措施等 ●能对客户投诉及时给予处理，并积极地进行协调
	外语应用能力	●至少掌握一门外语 ●能与外国同行进行技术交流
	能够撰写模具设计 文档	●能够对模具进行结构设计 ●能够就模具设计撰写设计文档

5.3.2　高职模具专业课程内容的选择

根据课程目标的具体要求，利用素质分析法针对某一职业能力所需的课程目标进行课程设置，然后再确定课程内容。

1. 设置课程

以上文整合后的高职模具专业课程体系的具体目标为依据设置课程，如表5
-4所示。

表5-4　高职模具专业课程设置

课程具体目标	课程设置
●能够具备高等数学等相关知识 ●能够掌握模具设计领域的专业知识 ●能够掌握模具加工领域的专业知识 ●能够掌握金属材料的专业知识	高等数学、模具设计、模具制造技术、机械制图、公差配合与技术测量、金属材料及热处理
●能够熟练掌握模具结构和材料的性能 ●能够利用CAD进行各种冲裁模具、注塑模具的3D结构设计	计算机应用基础、模具CAD实用教程
●能够掌握模块化、数字化设计 ●掌握模具标准化、可拆解的设计 ●能够在开放动态环境中协同完成设计任务	模具设计
●能够对模具零件进行刀路仿真，并对加工参数进行参数优化 ●能够根据不同的加工精度选择合适刀具 ●能够根据运动轨迹的仿真对程序进行调试	模具CAM实用教程
●能利用3D打印软件进行产品造型设计 ●能够根据设计方案制订3D打印工艺参数 ●能够利用3D打印设备进行产品加工，并能进行后处理	三维打印增材制造技术、创新设计方法
●能理解工业机器人控制和传感器的应用 ●能利用软件对工业机器人运动轨迹进行编程与仿真 ●能将工业机器人与数控设备进行融合使用	机器人概论、电气控制技术、液压与气压技术、专业综合性实训
●能对用户的智能模具使用情况进行数据化管理 ●能对智能模具进行远程监控及提供维修服务 ●能通过模具产品故障分析及用户诉求，发现企业潜在的问题	计算机网络与工业物联网

续表

课程具体目标	课程设置
●能掌握模具修复新技术 ●能掌握冲压模具的逆向成型修复技术，对有质量问题的产品及时修复 ●能掌握可拆解加工与回收	数字化制造技术
●能熟练应用数控编程软件 ●能够熟练掌握五轴加工中心的操作	数控编程与操作
●能够掌握精密检测设备的操作 ●具备模具表面质量检测的能力	基于典型工作任务的技能实践
●能够对模具零件进行编程，并对加工参数进行参数优化 ●能够根据不同的加工精度选择合适的刀具 ●能够根据运动轨迹的仿真对程序进行调试	数控编程与操作
●能够利用软件对厚度较薄的零件进行线切割编程 ●能够对数控线切割路线进行仿真	数控编程与操作
●能够对三坐标测量仪器进行编程 ●能掌握精密检测设备的使用，确保测量数据的准确性	基于典型工作任务的单项技能实践
●能够利用 CAPP 对产品进行加工工艺路线和生产工艺规程的制定 ●能够利用 CAPP 软件进行数字化工艺设计与装配工艺方案验证，为制造产品制定最佳工艺方案	模具制造工艺
●能够在模具产品设计完成后进行工况强度仿真 ●能够对注塑模具进行模流分析 ●能够模拟模具在高温等条件下的使用状况	模具 CAE 分析
●能够通过分析现场采集到的生产数据及时发现产品质量异常及异常的趋势 ●能通过模具产品故障分析及用户诉求，发现企业的潜在问题	数据分析技术、RFID 技术与应用、嵌入式系统与应用

续表

课程具体目标	课程设置
●能够掌握模具产品电子订单的编制 ●能对用户产品信息进行筛选、分类，使之系统化、条理化	智能生产计划管理
●能将各级生产计划转换为相应的物料需求计划 ●能根据作业计划统计实现车间在制品的管理 ●能根据零部件的工艺路线来编制车间作业计划	智能生产计划管理
●能向供应商提供电子采购合同 ●能对定购单和采购单进行录入、维护、批准、合并等操作，并能实现由定购单生成采购单的操作 ●能够将用户产品运输信息及时与物流网点精确衔接	智能生产计划管理
●能根据产品信息平台掌握售后产品的物流情况 ●能够利用网络组织实现产品信息共享并为用户提供产品信息服务 ●能够为用户提供技术服务	智能生产计划管理
●能够快速适应岗位转换 ●具有较强的应变能力	职业规划
●具有适应社会发展的学习能力 ●能不断加强计算机应用的学习能力 ●能持续快速地接受新知识和新技术	心理健康教育、职业规划
●能不断加强模具设计与制造的专业知识及实践经验的积累 ●具有持续学习的意志与品质	形势与政策、专家讲座
●在模具设计与制造开发过程中，能够考虑社会、健康、安全、法律以及环境等因素 ●能够分析工程实践和工程问题的解决方案对社会、健康、安全、法律的影响，并做出合理判断 ●能够理解应承担的责任及模具制造业对健康、环境的影响	思想道德修养与法律基础、毛泽东思想和中国特色社会主义理论体系概论、形势与政策

续表

课程具体目标	课程设置
●能够热爱祖国，拥护中国共产党 ●具有良好的职业道德 ●具备正确的人生观和价值观 ●能够正确面对困难，具有耐心、执着的精神 ●具备分析问题的能力，并具有坚持完成的信心和决心	思想道德修养与法律基础、毛泽东思想和中国特色社会主义理论体系概论、基于典型工作任务的综合性实训
●作为团队成员或领导者能在多环境下进行模具项目合作 ●具有与其他成员或责任者协调合作的团队精神和能力 ●具有一定的全局意识，能协调各方利益，有效地实现目标	基于典型工作任务的综合性实训、人际关系与沟通技巧
●具有追求技艺精湛的精神 ●具有"工于精、匠于心、品于行"的工匠精神 ●具有创新精神	创新创业教育、工匠精神与创新精神专题讲座
●能够分析模具设计与制造领域的工程实践或解决方案对环境和社会可持续发展的影响 ●能够理解应承担的责任	思想道德修养与法律基础、形势与政策
●能够就模具设计或加工等问题与业界同行进行陈述发言 ●能够清晰表达模具设计或加工的具体思路、方案及所采取的措施等 ●能对客户投诉及时给予处理，并积极地进行协调	人际关系与沟通技巧
●至少掌握一门外语 ●能与外国同行进行技术交流	实用英语
●能够对模具进行结构设计 ●能够就模具设计撰写设计文档	基于典型工作任务的单项技能实践

综上，为了满足对学生职业能力的培养，需设置的课程如下：

理论课程：高等数学、模具设计、模具制造工艺、机械制图、公差配合与技术测量、金属材料及热处理、创新设计方法、职业规划、心理健康教育、形势与政策、思想道德修养与法律基础、毛泽东思想和中国特色社会主义理论体系概论、创新创业教育、人际关系与沟通技巧、实用英语。

软件应用类课：计算机应用基础、模具 CAD 实用教程、模具 CAE 分析、数控编程与操作、模具 CAM 实用教程、智能生产计划管理。

技术类课程：模具制造技术、数据分析技术、RFID 技术与应用、三维打印增材制造技术、电气控制技术、液压与气压技术、工业机器人技术基础、计算机网络与工业物联网、数字化制造技术、嵌入式系统与应用。

实训类课程：基于典型工作任务的单项技能实训、基于典型工作任务的综合性实训。

专家讲座类课程。

2. 选取课程内容

课程内容的不同取向体现了不同的价值观念，能力本位的课程内容要满足学习者、社会发展、学科发展和职业发展的需求。因此，课程内容要充分考虑四个要素的特点及其变化的复杂性。高职模具专业课程内容的选择应遵循以下几个原则：

（1）综合性原则

智能制造已使模具专业高职生的就业岗位和知识体系发生变化，这种变化客观上要求重构课程体系，这种课程体系需融合模具专业知识、物联网技术、嵌入式系统与应用、智能仪器技术、RFID 技术等多门学科知识。为了使课程体系满足企业需求，以职业能力为主线，将复杂的多学科知识进行有效序化，明确课程的目标，突出高端技术技能人才的综合素质，重视学生职业能力的形成规律。

（2）开放性原则

随着知识更新速度的加快，高职模具专业学生需储备的知识容量按照原有的课堂教学速度已远远达不到智能制造对知识体系的需求，学生需利用碎片时间进行自主学习。线上线下获取知识既是"互联网＋"的发展趋势，也是高职教育响应教育部积极推进开放式教学资源库建设的重要举措。

（3）以人为本原则

《悉尼协议》国际认证标准之一是学生的学习成效。《悉尼协议》提倡"以学生为中心"的教学理念。面对高职层次的生源，高职院校的老师首先需要考虑课程内容对学生的培养具有哪些价值，这些知识如何能引起高职生的学习兴趣及如何通过范例将知识与实际相联系。

（4）实践性原则

模具智能生产高度自动化和生产流程的扁平化需要交叉运用多种高新科学技术，对生产技术人员知识的广度提出新的要求，这就要求操作人员具备跨学科的知识储备和解决生产系统问题的能力。模具智能制造新技术的广泛运用要求高职生从简单的操作层面转向更为复杂的生产过程规划与准备、生产过程安全与监控、数据处理软硬件的应用和与他人协调合作等多个层面，高职生只有在已掌握知识经验的基础上，切身参与实践，才能更好地提升职业能力。

5.3.3　高职模具专业课程组织的融合

传统课程模式，不同学科间相互独立，缺乏沟通和交流，使学生知识呈现"碎片化"状态。随着智能制造技术的发展，学科独立已不能满足模具智能制造企业需求，"课程融合"已成为新形势下高职教育改革的发展方向。同时，能力本位的课程体系客观上要求学生综合能力的全面发展。对工匠精神与职业技能融合、理论与实践融合、职业迁移能力与智能制造新技术融合、虚拟与现实融合（简称"四融合"）是智能制造时代课程组织的需要，本书后述中均以"四融合"代替前面提到的四个融合。

1. "四融合"课程组织的阐述

"四融合"课程组织是指以职业能力为主线，把所需的模具专业知识、跨学科知识、职业技能、智能制造新技术、工匠精神要求、能力考核等融合进学习过程，实现工匠精神与职业技能融合、理论与实践融合、职业迁移能力与智能制造技术融合、虚拟与现实融合，促进学生知识体系的建构和职业能力层次递进的培养。

（1）工匠精神与职业技能融合：2016年工匠精神被写入我国政府工作报告中，李克强总理在高等教育改革创新座谈会上也提出：要增强学生的实践能力，培育工匠精神，践行知行合一。模具是生产产品的工具，模具本身的质量品质会影响到其他产品质量，对模具而言，工匠精神显得更为突出。2015年，"中国制造2025"提出中国由"中国制造"向"中国智造"迈进的奋斗目标，"中国智造"相比于"德国智造"，产品的差距在质量上，人的差距在一丝不苟的工匠精神上。因此，高职模具专业在培养学生技能的过程中，应将职业技能的提升与工匠精神的培养同步进行，在技能训练中培养学生严谨细致、一丝不苟的工作态度，不断用"精于工、匠于心、品于行"的工匠精神对其进行精神熏陶，使其内心形成追求产品精致的优良品质，驱使其向技能大师的方向迈进。

（2）理论与实践融合：前苏联的 A·H·列昂契耶夫等人认为，不能以现成的形式采取简单叙述或演示的方法传授给学生必须掌握的知识，学生们只有参加过一定的活动（完成了规定的一系列行为）才能掌握这些知识。德国的职业能力培养既注重校内专业知识的学习，更注重企业真实岗位能力对职业能力提高的重要性，这是他们赢得全世界向他们学习的内涵所在。高职生相对于本科生理解能力差是不争的事实，复杂理论知识的讲授结合学生在实践现场亲身感受，效果会更好，如数控编程的参数优化，课堂的讲授效果显然没有现场观摩、实践更奏效。因此，理论与实践融合才能更好地保障模具专业的高职生既懂得相关技术原理、专业技术理论知识，又具备较高的专业技术技能，成为模具智能制造企业急需的高素质技术技能人才。

（3）职业迁移能力与智能制造技术融合：当前，模具智能制造业进入转型发展期，新技术、新业态、新设备等不断投入生产中，如模具企业内部的管理实现信息化；模具设计实现设计、仿真、排产与虚拟制造一体化；柔性生产线实现自动化加工、自动采集生产数据、自动检测等；智能模具装有嵌入式芯片，具有通讯功能，可远程监控；可拆解回收、绿色制造、协同设计、云制造平台等新的生产形式不断涌现；个性化生产使工作内容不固定，团结合作是必备的职业素养等。模具智能制造打破了传统的学科界限使多学科相互融合，技术技能人才在专业知识、信息技术、职业素养、协调合作能力等方面有了新的变化，对人才的需求由单一型向复合型、知识型、创新型转化。因此，智能制造新技术的发展要求高职生适应岗位转换，具备职业迁移能力。

（4）虚拟与现实融合：模具智能制造模式离不开软件技术的支撑，专业化、集成化、一体化的智能软件，在同一环境下可实现设计、分析、仿真检测、虚拟制造等功能，由于模具产品多属于单件定制，模具企业要想一件产品也能获利，就要保证加工出来的产品即为合格产品，所以产品在进入生产线之前进行虚拟制造，可以有效预防加工出来的产品不合格。随着模具企业数字化、智能化、网络化的发展需求，模具企业希望员工能熟练地应用模具专用智能软件，如 CAD、CAM、CAE、UG/Pro - E 等。智能化软件技术提高了模具开发的成功率，降低了后续反复修改的风险，逐渐淘汰靠经验设计模式，因此，虚拟与现实融合是模具智能制造企业发展的主流趋势。

2. "四融合"课程群的构建

高职模具专业学制三年，传统的课程体系注重学科知识的连续性，然而，智能制造更需要知识的宽度与广度，原有的学科间独立的组织形式难以达到职业能力培养的要求，因此，把若干门内容紧密相关的课程整合为一个系统，组建课程群，实现工匠精神与职业技能融合、理论与实践融合、职业迁移能力与智能制造新技术融合、虚拟与现实融合四个方面的融合，可有效提高课程质量与教学效果。

本书依据课程群组建的基本原则，将高职模具专业课程体系构建了 7 个课程群。

（1）公共基础类课程群：高等数学、实用英语、心理健康教育、形势与政策、思想道德修养与法律基础、毛泽东思想和中国特色社会主义理论体系概论。

（2）专业基础类课程群：模具设计、模具制造工艺、机械制图、公差配合与技术测量、金属材料及热处理、数控编程与操作。

（3）专业技术类课程群：模具制造技术、电气控制技术、液压与气压技术、数字化制造技术、三维打印增材制造技术。

（4）软件应用类课程群：计算机应用基础、模具 CAD 实用教程、模具 CAPP 实用教程、模具 CAE 分析、模具 CAM 实用教程。

（5）基于典型工作任务的实训类课程群：工业机器人技术基础、数据分析技术、RFID 技术与应用、嵌入式系统与应用、计算机网络与工业物联网、基于典型工作任务的单项与综合性实训。

（6）方法类课程群：现代企业管理基础知识、创新设计方法、专家讲座。

（7）职业发展类课程群：职业规划、创新创业教育、人际关系与沟通技巧。

课程群进行"四融合"，但并不是所有的课程都要做到四个融合，而是有主有辅，甚至仅有一种。不同课程群融合的形式如表 5 - 5 所示。

表5-5　课程群的教学目标、能力目标及融合方式

课程群	教学目标	能力目标	融合形式
公共基础类课程群	使学生掌握必备的数学、英语、人文和思想等方面的基础知识，提高学生的修养与素质	●遵纪守法，诚实守信 ●具有社会责任感 ●具有良好的职业道德与沟通交流能力	●基础课与专业课融合
专业基础类课程群	使学生掌握模具设计与制造中必备的基础理论知识，以获得岗位能力要求的知识支撑	●能掌握模具设计的基础知识 ●能掌握模具加工的基础知识	●理论与实践融合
专业技术类课程群	使学生掌握模具设计与制造中必备各种的操作技能、技术方法，以获得单项能力要求的技术技能支撑	●能掌握多种模具加工技术及应用 ●能掌握相关智能软件的使用	●虚拟与现实融合 ●工匠精神与职业技能融合
软件应用类课程群	使学生学会使用智能软件对模具设计、编程、仿真及参数优化，以获得岗位能力要求的智能化软件技术支撑	●能熟练应用相关软件功能 ●能应用软件进行模具设计与加工	●虚拟与现实融合
基于典型工作任务的实训类课程群	使学生通过对复杂零件的实战实练，熟悉工作流程和岗位要求，强化综合能力的训练，使职业能力达到预期目标	●能熟悉工作流程及岗位要求 ●具备智能装备编程、操作与数据分析能力 ●具备对智能制造新技术的综合应用能力	●职业迁移能力与智能制造技术融合 ●工匠精神与职业技能融合
方法类课程群	使学生掌握模具项目信息化管理方法、文献查阅方法、学习方法、创新设计方法等，全面提升职业能力	●具备模具项目信息化管理能力 ●具备自我学习能力 ●掌握创新设计方法	●虚拟与现实融合

续表

课程群	教学目标	能力目标	融合形式
职业发展类课程群	使学生掌握职业规划的基础知识，为学生提供各种创业形式和社团组织	●具备沟通交流能力 ●具有创新意识	●职业迁移能力与智能制造技术融合

5.3.4　高职模具专业核心课程及其标准的制定

本书从模具全生命周期"生产前、生产中、生产后"三个工作领域，以职业能力为主线，以典型工作任务为载体，筛选出各个工作领域的核心课程并制定相应的课程标准。

表5-6　生产前典型工作任务"模具项目管理"

学习领域名称	智能生产计划管理	
典型工作任务描述	1. 能将模具产品信息系统化、条理化； 2. 能将生产计划转换成物料需求计划； 3. 能对客户信息进行筛选、分类； 4. 能对原材料、外购件、外协件信息进行统计、管理； 5. 能将订购单生产采购单。	
课程内容	电子订单管理； 项目主计划管理； 外协管理； 客户管理。	
工作对象： 模具项目信息化管理	教学环境： 模具智能制造企业 教学资料： 模具企业项目管理 课程组织形式： 理论与实践融合，以模具智能制造企业为教学中心，使学生掌握基于物联网的项目信息化管理的知识与操作。 学习成果： 能利用物联网实现对企业内部和企业间的项目管理。	考核与要求： 1. 能利用物联网对模具项目信息系统化、条理化管理； 2. 能利用物联网优选供应商。

表5-7 生产前典型工作任务"模具智能设计"

学习领域名称	模具设计	
典型工作任务描述	1. 能够掌握模具设计理论知识; 2. 能掌握模具材料的性能; 3. 能掌握模块化、标准化设计方法; 4. 能对模具产品进行创新设计理论;	
课程内容	模具设计理论; 模具设计方法; 撰写模具设计方案。	
工作对象: 模具产品结构设计	教学环境: 模具理实一体化实训室 教学资料: 企业实例 课程组织形式: 理论与实践融合、虚拟与现实融合,充分将多媒体技术融入教学中,通过实际的企业案例与相关理论知识融合在一起,逐步提高学生的设计水平,为保障学生的训练效果,实训室需保证每个学生均有一台计算机。 学习成果: 完成模具产品结构优化设计方案。	考核与要求: 1. 企业项目实做; 2. 对模具产品结构制定优化设计方案; 3. 利用 CAD 对方案进行优化设计。

表5-8 生产前典型工作任务"模具智能制造工艺"

学习领域名称	模具制造工艺
典型工作任务描述	1. 能够掌握模具制造工艺的理论知识; 2. 能够利用软件实现产品加工工艺路线、原材料消耗汇总和生产工艺规程的制定; 3. 能够利用软件进行工艺设计与装配工艺方案验证,为制造产品制定最佳工艺方案。
课程内容	模具制造工艺; 工程材料选择; 智能化软件应用。

续表

学习领域名称	模具制造工艺	
工作对象： 模具产品 工艺制定	教学环境： 模具理实一体化实训室 教学资料： 模具企业产品 课程组织形式： 理论与实践融合、虚拟与现实融合。通过典型范例，利用软件技术对产品进行加工工艺路线、原材料消耗汇总和生产工艺规程的制定，培养学生学会使用智能软件进行工艺分析，实训室需保证每个学生均有一台计算机。 学习成果： 能够使用智能软件进行生产工艺分析，并确定最优加工方案。	考核与要求： 1. 企业项目实做； 2. 考查学生对智能软件使用的熟练程度； 3. 对生产工艺的仿真分析及优化；

表 5-9　生产中典型工作任务"3D 打印技术"课程描述

学习领域名称	三维打印增材制造技术	
典型工作任务描述	1. 能够掌握 3D 打印设备的操作； 2. 能够进行 3D 打印后处理工艺与操作； 3. 能够对 3D 打印设备进行维护和保养。	
课程内容	3D 产品造型设计； 逆向设计技术与应用； 3D 打印设备操作与维护。	
工作对象： 3D 打印设备操作	教学环境： 模具数字化智能车间 教学资料： 3D 打印产品 课程组织形式： 理论与实践融合、虚拟与现实融合，通过模具产品实际案例与 3D 打印理论相结合，利用 3D 打印设备完成三维文件的加工；实训室需保证 3~5 人一台桌面 3D 打印机，具备工业级 3D 打印设备。 学习成果： 利用 3D 打印设备完成产品加工。	考核与要求： 1. 掌握 3D 产品数字化与制造生产技能； 2. 能对 3D 打印产品进行后处理； 3. 能对 3D 打印设备进行维护和保养。

表 5 - 10　生产中典型工作任务"智能制造新技术的综合应用"

学习领域名称	计算机网络与工业物联网	
典型工作任务描述	1. 能够理解模具数字化智能车间网络化管理相关知识； 2. 能够理解工业物联网技术的应用； 3. 能够理解基于 RFID 的应用。	
课程内容	计算机网络知识； 物联网技术与应用； RFID 技术与应用； 自动控制技术的应用。	
工作对象： 智能制造新技术的综合应用	教学环境： 模具数字化智能车间 教学资料： 模具产品的智能加工 课程组织形式： 理论与实践融合、职业迁移能力与智能制造技术融合，以模具数字化智能车间为教学中心，使学生掌握智能加工的相关知识与操作。 学习成果： 利用智能柔性生产线同时完成多种产品加工。	考核与要求： 1. 物联网技术、智能生产关键技术的应用能力； 2. 智能柔性生产线的操作能力。

表 5 - 11　生产后典型工作任务"模具远程监控"

学习领域名称	嵌入式系统及应用	
典型工作任务描述	1. 能够掌握嵌入式系统的基本原理、技术和方法； 2. 能够掌握软硬件交互； 3. 能够将嵌入式基本原理与模具芯片结合。	
课程内容	嵌入式系统的基本原理、技术与方法； 嵌入式系统与模具芯片的结合； 软件与硬件的交互。	
工作对象： 智能模具的通信功能	教学环境： 模具数字化智能车间 教学资料： 模具产品的通信功能 课程组织形式： 虚拟与现实融合，理论与实践融合，使学生掌握智能模具嵌入式系统与芯片的相关知识与操作。 学习成果： 利用嵌入式系统与模具芯片的结合实现产品的远程监控。	考核与要求： 1. 嵌入式系统的应用能力； 2. 智能模具的远程监控操作能力。

表 5 - 12　生产后典型工作任务"模具再制造服务"

学习领域名称	数字化制造技术	
典型工作任务描述	1. 能够掌握智能无损检测及逆向成型技术； 2. 能够掌握模具加工的快速成型技术； 3. 能够掌握智能模具的可拆解加工与绿色清洗； 4. 积极探索以旧换新、以租代购等新型高端智能模具再制造。	
课程内容	逆向成型技术； 快速成型技术； 绿色制造。	
工作对象： 模具再制造	教学环境： 模具数字化智能车间 教学资料： 已破损模具产品 课程组织形式： 理论与实践融合、职业技能与工匠精神融合，通过实际的模具产品与相关理论知识融合在一起，逐步提高学生的模具产品再制造能力，为保障学生的训练效果，实训室需保证每个学生均有一台计算机。 学习成果： 实现对模具产品的扫描、逆向成型及再制造。	考核与要求： 1. 掌握对模具产品的扫描技术； 2. 掌握对模具产品的逆向成型技术； 3. 掌握模具产品的快速成型技术。

5.3.5　高职模具专业课程结构的构建

高职院校招生规模的扩大和生源层次的复杂化给高职模具专业教学带来了机遇与挑战，智能制造技术的发展对课程体系也提出了跨学科、复合化的要求。对不同入学层次的高职生在课程设置上要根据课程对职业能力培养的贡献度有所侧重，因此，课程分别设定为必修课和选修课。依据课程群设计出的高职模具专业课程结构如图 5 - 5 所示。

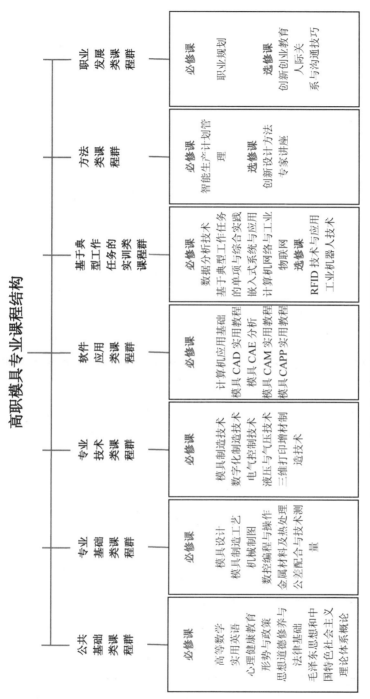

图 5－5 高职模具专业课程结构

5.4　高职模具专业课程评价

对智能制造视域下高职模具专业课程本身具有的价值以及课程产生的效果，本书以期通过课程评价来判定课程实施的可能性、有效性和教育价值，通过不断完善课程，最终达到教育价值增值的目的。

5.4.1　课程评价概述

对于课程评价有不少学者对其进行诠释。泰勒认为，"评价过程是一个确定课程与教学计划实现达到教育目标的程度的过程"；丹尼斯·劳顿认为，"课程评价主要涉及 3 个方面：一是对课程内容的满意度以及需要改进的地方；二是判断学生的学习情况以及甄别优秀学生；三是判断课程实施的条件"。埃利奥特（C. W. Eliot）认为，课程评价是指课程本身、所提供的教学以及实现的结果。布鲁斯·塔克曼（Bruce W. Tuckman）认为，课程评价是判断课程计划是否达到其目标的手段，即既定的教学输入是否与预期规定的目标相一致。我国学者李雁冰认为，课程评价是用一定的方法或途径对课程计划、课程实施以及结果等问题进行价值判断的过程。施良方认为，课程评价是研究课程价值的过程，是判断课程在改进学生学习方面价值的活动；靳玉乐等认为，课程评价不仅可以促进课程发展，而且使师生也会获得一定的发展。

综上，课程评价是评价者依据一定的标准，对课程本身、课程实施过程及课程实施效果等方面进行价值判断，通过价值观的不断反思，实现教育价值增值的过程。智能制造视域下高职模具专业课程体系为新构建的课程体系，为了能提高课程体系构建的质量，课程评价将贯穿在教学活动的全过程。

课程评价的功能主要有三个方面：第一是判断价值，依据一定的标准对课程教学活动的优劣进行判断；第二是发现价值，评价主体通过评价结果不断对课程活动进行创新，从而发现新的价值；第三是提升价值，对于评价活动来说，评价不是目的，而是为了改进，进一步提升教学质量。课程评价通过判断价值、发现价值，达到提升价值的目的，实现课程价值增值的效果。

课程评价在本书中的主要作用体现在以下三个方面：一是引导作用。智能制造视域下高职模具专业课程体系是新构建的课程体系，通过课程评价实现对课程改革的不断反思与完善，积极探寻课程价值及意义，从而实现方向引导作用。二是诊断作用。通过对智能制造视域下高职模具专业课程进行评价，可以诊断出课程在教学活动每个环节出现的问题，并根据问题提出修订决策，不断完善课程体系。三是持续改进作用。通过对智能制造视域下高职模具专业课程进行评价，可以判断学生掌握知识的程度和老师对自身工作的评价，并根据评价结果提出持续改进措施，逐步提高教学质量。

5.4.2　课程评价的价值取向

课程评价的实质是课程实施后的价值取向。对课程评价的价值取向有许多中外学者对其进行论述，如我国学者李雁冰在《课程评价论》中指出，"课程评价的价值取向有 3 种，即目标取向、过程取向和主体取向"。唐青才等认为，"各种课程评价模式都包含着特定的价值取向，主要表现为注重社会需要、人的需要和主体间交往的价值取向"。国外学者泰勒提出的目标达成模式中的价值取向注重个体的自由发展；斯塔弗尔比姆的 CIPP 模式的价值取向强调了社会、团体和个人需要的利益整合，体现了价值取向的多元化"。

其实，课程评价以什么样的标准去进行课程评价决定了评价的效果和质量，高职院校课程评价应用发展性的眼光，突出企业对专业人才的需求。智能制造视域下高职模具专业课程评价的价值取向决定着高职模具专业课程评价的方向和性质，高职模具专业课程评价应立足于能力本位价值取向，能够重视对知识技能的培养，能够意识到模具智能制造企业新的用人要求，通过课程评价来确保课程的可靠性及学生学习的有效性，并且对评价结果进行科学分析的基础上，不断完善高职模具专业课程评价标准。

另外，智能制造视域下高职模具专业课程评价的价值取向还应立足于人文知识的养成，能够重视社会能力和方法能力对学生的影响，且评价者在课程评价的过程中能够适当考虑专业课程与人文课程的融合。人文知识更多地倾向于学生的隐性能力养成，而专业课程偏向于显性能力的养成。只有将专业知识与人文知识相结合，评价者才能站在中立的角度对高职模具专业课程进行评价，评价的结果才会有益于学生的全面发展。

5.4.3　课程评价模式

1. 目标评价模式

目标评价模式也称为泰勒模式,是泰勒在其著作《课程与教学的基本原理》一书中提出的,它在 20 世纪是最具影响的课程评价模式。此模式把学生的行为化成就作为教育目标,评价的目的是判定学生行为的变化,而这种变化必须通过两次及以上评价活动相互对比才能反映出来。目标评价模式的程序包含 7 个步骤:建立课程计划与目标、从行为与内容界定每个目标、确定能表现教育目标的情景、确定情景呈现的方式、确定获取学生行为的记录方式、收集学生行为变化的信息、将收集到的信息与行为目标作比较。

泰勒在目标评价模式中首次指出了教育目标、课程设计和课程评价之间存在着密切的联系,使人们充分认识到课程评价在课程中的重要作用。但目标评价模式也有一定的局限性,即对教育目标的合理性没有加以评价,忽视教学活动中的复杂性、实践性等问题。

2. CIPP 评价模式

CIPP 评价模式是由美国学者斯塔弗尔比姆在 1967 年对泰勒行为目标模式反思的基础上提出的模式。该评价模式由四个评价活动的首字母组成:即背景评价(Contest Evaluation)、输入评价(Input Evaluation)、过程评价(Process Evaluation)和成果评价(Product Evaluation),简称 CIPP 模式。背景评价就是教师根据特定的教学环境对教育对象能达到的要求进行设计,主要包括确定课程实施情景、明确需要解决的问题、确定满足条件的解决方案、确定解决方案对课程实施需求的程度、调整方案满足特定的各种需求。输入评价就是在已进行背景评估的前提下,教师对设计的教学评价方案给出评定与选择,主要包括列出各种备选方案、对备选方案的优缺点进行评定、选择最佳方案。过程评价就是对方案实施过程中作连续不断地监督、检查和反馈评价方案的实施过程,主要包括清楚方案进度、现有方案与原计划的差异程度、可以利用的资源、是否对方案进行修正、对方案质量进行评判。成果评价就是教师对课程与教学目标达成度进行评价,以期促进今后课程的持续改进,主要包括实际实施与预定目标的达成度分析、对结果的价值判断、实施方案有益的方面、方案结果与背景、输入和过程之间的关系。

斯塔弗尔比姆强调：课程评价最重要的意图不是为了证明课程有效性，而是为了改进课程实施的过程，从而为课程最终决策提供更有效的信息。CIPP 评价模式克服了目标模式的不足，使课程评价贯穿整个教育活动中，评价成为改进实施方案、提高教学质量的工具。但该模式为决策者服务，在一定程度上限制了方案参与者的创造性。

3. CSE 评价模式

CSE 评价模式是由美国洛杉矶加利福尼亚大学评价中心（Center for the study of Evaluation）命名的一种评价模式。CSE 评价模式主要包括自我发展需要评价、自我发展方案评价、形成性评价和总结性评价四个阶段。自我发展需要评价是指教师对自我发展目标进行选择；自我发展方案评价是教师对自我发展目标实现的可能性进行评定；形成性评价是教师在实现自我发展目标的过程中对不足之处及时修订行动方案；总结性评价是教师对自我发展目标的达成度进行全面的分析、判断和总结，通过反思，不断调整自己的发展目标，使自己的专业能力不断提升。CSE 评价模式是为职业教育课程改革提供的一种动态评价模式，将阶段性评价与全程评价相结合，从而有效控制、调整与改进课程改革工作。

综上，依据高职教育突出"职业性、实践性和开放性"的特点，对高职模具专业的课程评价而言，笔者认为，采用目标评价模式、CIPP 评价模式和 CSE 评价模式相耦合的方法是课程评价最为理想和有效的模式。

5.4.4 课程评价的具体内容

本书在前文中已提出高职模具专业课程体系包含四个要素，即课程目标、课程内容、课程组织和课程评价，课程评价作为最后一环，要评价的具体内容包括课程标准、课程实施过程和课程实施效果。

1. 课程标准

课程标准是衡量课程质量的准绳，规划了课程目标和课程内容的基本框架。课程标准不但规定学生应掌握的知识、技能、素质的基本要求，还规定了在不同教育阶段应达到的具体能力指标。课程标准不仅为教师在课程实施过程中提供了合理化建议，而且也是教师选教材、授课、教学评估、考试命题的依据。高职模具专业课程标准的制订不仅指明了模具专业教育的最终目标，还指明了达到此目标应采取的路径，为教育理念转变成现实提供了重要的依据，为教育目标的实现提供了合理有效的保证。在德国，课程标准的开发有联邦职业教育研究所负责，而我国高职院校的课程标准开发多由高职院校独自开发，由于教师缺乏课程理论相关知识，使得课程标准开发的理论性和专业性程度不高，科学性难以保证。

通过对高职模具专业课程标准的评价，我们能了解哪些知识更有价值，哪些知识符合智能制造技术发展趋势的，体现时代气息，这对于发展高职模具专业课程及学生全面发展有积极的推动作用。另外，通过对高职模具专业课程标准的评价，我们可以检验课程实施是否合理、有效，教师能否把握课程内容与职业能力的对接，学生能否掌握相应的知识技能。

2. 课程实施过程

课程实施过程是教师传授知识与技能，培养学生职业素养的过程。由于课程实施过程会受到师资、生源、教学条件等影响，可能会使课程实施受到影响，同时由于实施过程中教师的教学经验、文化层次、语言表达能力、情感投入等因素，会使课程实施具有很大的随机性，而课程实施过程是培养学生职业能力的重要环节，其具有的动态性、随机性、不可预测性，客观上需要课程评价的监控。在高职院校，对这一层面的课程评价主体多由学校教务处、系主任和教研室主任组成，学校依据各专业的教育目标，制定评价标准，选择评价人员，然后安排评价活动。评价人员根据学校的评价标准评价教师上课行为，如课时分配、师生互动、重点难点是否突出、教学策略是否得当、教学内容是否符合课程计划与课程标准的要求。

通过对高职模具专业课程实施过程的课程评价，我们能及时监控教学过程中教师的教与学生的学。由于课程评价是一个理性分析判断的过程，通过评价及时发现课程实施过程中存在的问题，并根据实际问题及时做出改进。高职模具专业课程包含了教师对课程知识的重新构建，并且重新构建后的课程与原有课程存在一定的偏差，同时也存在高职学生能否适应交叉课程融合的问题。因此，高职模具专业课程需通过反复评价与完善，才能使课程实践质量不断提升。

3. 课程实施效果

对课程实施效果的评价是对学生学习结果的认定，是学生经过知识传授后获得职业能力的价值判断，属于终结性评价。阿伦·奥恩斯坦（Ornstein,

A. C.）等认为，只有当学生通过课程学习获得知识与能力后，课程才具有真正的价值。如果没有对课程实施效果进行评价，那么课程评价便显得毫无意义。在高职院校中对课程实施效果的评价是借助考试了解学生的学习效果，通过对学生学习成绩结果反馈，可以及时了解课程内容、课程组织、课程实施等方面存在的问题，并为以后的课程改革提供依据。

通过对高职模具专业课程实施效果的课程评价，能直接考察学生的学习成果，包括学生在知识、技能、价值观、职业素养等方面的具体表现。该层面的评价也符合《悉尼协议》的认证要求，即注重"学生的学习成就"的"成果导向教育"。

5.4.5　课程评价实例

职业能力的提升可看作学生行为的变化，而职业能力的培养离不开课程体系的支持。从能力本位教育来看，职业能力培养是主线，职业能力是学生对课程体系学习成效的行为表现，而课程体系是职业能力提升的基础，两者相辅相成，相互促进，课程体系中的课程目标、课程内容、课程表现形式必须能满足职业能力的要求。本书中的课程体系与职业能力对接的分析，如表 5-13 所示。在表 5-13 中，表中的行为职业能力指标体系，列为课程体系，为第 i 个课程对第 j 个能力指标的相关度，相关度分成 3 个等级，即高度相关、中度相关和不相关。利用表 5-13 分析了课程体系与职业能力的对接，通过课程对职业能力的支持度，最终确定了课程体系与职业能力的对接关系矩阵，见附录4。由附录4可知，每个课程都支撑多个职业能力，由此确定每门课程的教育目标。

表 5-13　课程体系与职业能力指标体系交互影响分析

能力指标　　课程体系	O_1	O_2	……	O_n
C_1	a_{11}	a_{12}	……	a_{1n}
C_2	a_{21}	a_{22}	……	a_{2n}
C_n	a_{n1}	a_{n2}	……	a_{nn}

　　本书以《模具制造技术》为例说明评价过程。一是教师主动分析高职生的学情，然后设计该门课程能达到的能力标准，并给出评测标准，见附录5。二是教师将课程测验内容与评价标准对接，有效地反映教学目标对学生的要求，并引导学生向这些标准努力，见附录6。三是教师通过测验获得教学过程中的实施情况，并根据获得的信息及时调整或改进教学工作，见附录7。如某位同学在考试中第一道题满分18分的情况下得到15分，说明该同学对此部分内容的目标达成度为0.833，通过附录6可以看出全班同学对第一道题的目标达成度为0.63，这为教师在以后的教学改革中提供参考依据。四是教师对某一课程或某段教程结束之后进行终结性评价，以此判断学生掌握的程度；老师对自身的工作进行分析、评价，并凭借评价结果作出是否改进的措施，见附录8。老师通过对测验中每部分内容目标达成度分析，提出课程持续改进措施，有利于教学质量的逐步提高。

5.5　本章小结

　　本章主要研究了高职模具专业课程体系的构建。以能力本位教育为主要理论指导，以上一章构建的高职模具专业职业能力为基础，以典型工作任务为载体，从课程目标、课程内容、课程组织和课程评价四个方面对高职模具专业核心课程和课程体系进行重构。依据课程群组建的基本原则，将课程体系构建成七个课程群，课程群按照工匠精神职业技能与融合、理论与实践融合、职业迁移能力与智能制造技术融合、虚拟与现实融合的"四融合"方式实施。通过课程与职业能力的交互影响，利用评价模型对课程进行评价，根据课程目标达成度分析，最终使课程达到持续改进的目的。

第六章

基于智能制造的实训基地建设与师资队伍建设

智能制造对高职模具专业职业能力和课程体系的新诉求客观上对实训环境和师资队伍提出了更高的要求。依据智能制造视域下高职模具专业职业能力培养和课程体系实施要求，在校内搭建了生产环境与教学环境相融合的技术应用中心和基于产教融合的校外合作实训环境。对师资队伍进行了校内跨专业教师的有效整合；基于校企合作，组建技术服务与专业教学相融合的"协作型"师资队伍。实训环境与师资队伍建设顺应智能制造发展需求，促进了高职模具专业健康、持续发展。

6.1 基于智能制造的校内实训基地建设

随着国家工信部对《信息化和工业化深度融合专项行动计划（2013－2018年)》工作部署和《中国制造2025》的发展战略，以智能制造为核心的生产制造已成为我国制造业转型和提升的重要任务之一。智能制造生产模式对模具制造业高端技术技能人才提出新的需求，因此，高职模具专业只有建设智能制造实训环境，才能开展对高层次智能模具制造人才职业能力的培养。

6.1.1 智能制造视域下校内实训基地建设应具备的功能

1. 具备数字化制造功能

从模具产品全生命周期生产过程看，数字化软件在生产过程中占主导地位，任何一个生产环节都离不开软件的支持，如企业生产项目管理，利用软件降低了人为经验因素；企业的智能设计也是在数字化软件中实现无纸化制造，利用

CAD 实现全 3D 设计，无 2D 图纸，然后利用 CAE 进行仿真分析，CAM 进行虚拟制造，这些软件在高职模具专业现有的课程中已具备，但软件版本没有企业更新速度快。

高职模具专业除了具备数字化软件环境，还要具备数字化制造的硬件环境，模具智能制造生产环节，离不开先进的加工设备，高职院校在实训车间建设过程中要具备先进的数字化加工设备，如五轴数控加工中心、3D 打印设备、工业机器人等，以保障学生的高技能培养。

2. 具备设备间的网络通信功能

所有实训环节应具备联网功能，如设计好的模具零件，虚拟仿真没问题后可以传送到加工设备，实现程序的自动传输。实训车间设备间要具备通信功能，高档数控机床、工业机器人、3D 打印等加工设备需要进行联网实现设备监控、驱动、数据采集与分析等。

设备物联实训环境的搭建，可以使学生更好地进行跨专业知识的学习，如物联网技术、传感器技术、PLC 可编程逻辑控制器应用、工业机器人、RFID 技术等知识的学习与应用；感知模具制造全生命周期与大数据分析，学生对技术的学习与掌握需要消化吸收的过程，如果学生仅在模拟或观摩的状态学习，难以促进学科的融合，虽然学校不能完全复制企业环境，但对基本能力的培养还是非常有必要的。

3. 具备状态感知功能

设备物联实训环境搭建完成后，能利用最新的通信技术、网络技术，将各种应用设备终端相互连接，形成基于物联网的智能制造系统，营造能自动排产、线上线下实时交互、生产数据采集与分析、智能产品远程诊断等功能的实训环境。在智能车间可通过管理软件监控生产设备的运行状况及故障预警功能，对状态信息进行数据挖掘分析，实现设备运动状态综合判断和预警，避免机器故障的产生，提高生产效率。如图 6-1 和图 6-2 所示。

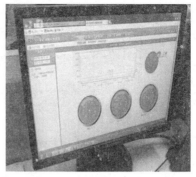

图 6－1　生产监控　　　　图 6－2　生产设备运行效率

4. 具备统计分析功能

现场各类生产设备运行情况通过 IE 浏览器就可方便、整齐地显示。车间数据采集与分析、生产质量品质监控等是智能生产的核心，如生产进度和质量信息、设备移动率、工作状态、物流状态、机床当前状态；机床开机时间、停机时间、故障时间；机床利用率（OEE）；每个工件加工时间，机床加工的工件数量；故障信息及分布；可以以饼图、柱图、折线图、统计表格等多种方式统计、分析数据。如图 6－3 所述。

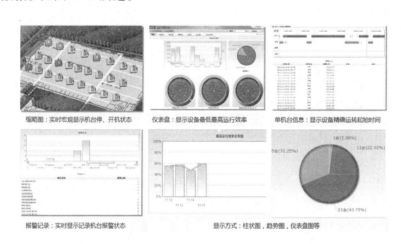

图 6－3　可视化看板功能

（图片来自兰光设备物联网系统集成方案）

5. 具备设备集群的管理功能

设备集群的管理实现了对车间的宏观生产管理，通过对车间的生产节拍控制和工序衔接情况动态查看和大数据分析，能够分析出车间生产中的健康短板，便于决策。可实现用户在手机、IPAD 等移动设备上对现场生产情况、设备运行情况、质量情况的数据浏览、异常处理，如图 6 – 4 所示。

图 6 – 4　手机的使用

6. 与模具智能制造企业连接

将校内实训环境与模具智能制造企业连接，将企业生产环境引入教学，使师生更好地了解企业发展需求和最新技术发展动向，师生可尝试参与模具智能制造企业的模具项目，使学生在校内增强综合职业能力的培养。

综上，智能制造模式下校内实训环境与传统实训环境不同，高职模具专业通过整合校内外优势资源，搭建生产环境与教学环境相融合的技术应用中心，以培养学生具备大数据、智能生产、物联网、企业管理等职业能力。

6.1.2　搭建生产环境与教学环境相融合的技术应用中心

依据智能制造视域下高职模具专业职业能力培养要求，依托行业办学优势，在校内搭建了生产环境与教学环境相融合的技术应用中心，使学校与企业共同参与人才培养过程。

校内引入的企业通过深度参与专业规划、教材开发、教学设计、课程设置、实习实训，对人才培养实现双轨制。企业为学校提供真实生产研发项目、行业标准和岗位能力需求，学校与企业共同开发专业教学标准和教学资源库对接国际职业资格标准，在"四融合"课程实施过程中解决了项目实践教学资源短缺的难题。学校以企业需求为导向，以企业生产研发流程进行职业能力培养，企业为学校提供产品质量评价标准，并为学生提供职业体验机会，校企通过产教深度融合解决人才供给侧结构错位的难题。模具智能制造技术应用中心总体设计及组成如下：

1. 模具智能制造技术应用中心总体设计

为了构建模具智能制造技术应用中心，我们与北京兰光创新科技有限公司进行技术合作，应用技术中心总体设计如图6-5所示。

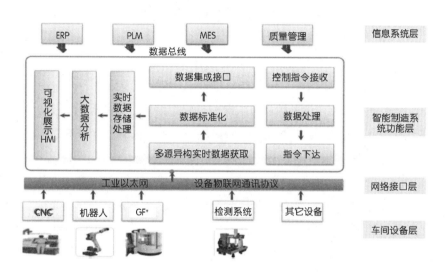

图6-5 模具智能制造技术应用中心总体设计

模具智能制造技术应用中心的构建共分为四个层次，即信息系统层、智能制造系统功能层、网络接口层和车间设备层。

信息系统层：该层主要是通过软件实现对模具项目信息的管理，可对模具项目基础数据、模具工程图、模具工艺规划、加工程序管理、刀具及物料清单等相关文件进行关联管理。

信息系统层主要培养学生利用软件对模具项目进行管理的能力。从模具产品全生命周期生产过程看，智能化软件在生产过程中占主导地位，任何一个生产环节都离不开软件的支持。如企业生产项目管理，利用软件降低了人为经验因素，其中包括生产计划管理、产品跟踪管理、质量管理等。模具项目管理能力是在软件环境中培养的，这些软件包括生产基础数据管理、生产计划管理、详细作业调度、生产分派管理、车间仓库管理、车间质量管理、车间设备管理、车间绩效管理、产品跟踪管理和系统管理等。通过该实训环节可使学生熟悉企业在生产前对生产资源的信息化管理。

智能制造系统功能层：该层主要是对生产过程的集成管理，包括数控程序上传下载、数控程序仿真、无纸化生产指令、设备运行状态监控、数据采集、质量分析、生产过程管理等。

智能制造系统功能层是模具智能制造技术的核心，主要培养学生的专业能力，包括模具智能设计能力、智能制造新技术的综合应用能力、智能装备编程与数据分析能力、智能软件应用能力。目前，模具智能制造企业的设计是无图纸全3D设计，利用相关软件完成设计、仿真与虚拟制造，若虚拟制造没问题后可将加工程序自动传输到加工设备。通过管理软件可监控数控机床、工业机器人、3D打印设备等生产设备的运行状况，对状态信息进行数据挖掘分析，实现设备运动状态综合判断和预警，避免机器故障的产生。对生产质量品质的监控是将测量零件模型图通过网络下传到测量仪的工作电脑上，大大提高零件测量效率。也可利用手机、IPAD等移动设备对现场生产情况、设备运行情况、质量情况的数据进行浏览，如生产进度和质量信息、设备移动率、工作状态、物流状态、机床当前状态；机床开机时间、停机时间、故障时间；机床利用率（OEE）；每个工件加工时间，机床加工的工件数量；故障信息及分布；可以以饼图、柱图、折线图、统计表格等多种方式统计、分析数据。生产数据的采集与分析，设备生产运行数据分析等是高职生应掌握的主要技能。

网络接口层：该层主要利用最新的通信技术、网络技术，将管理部门、技术部门、智能制造系统和机床操作者有机地联系起来，形成基于物联网的智能制造系统，可实现线上线下实时交互、生产任务可视化、生产数据采集与分析、智能产品远程诊断等功能。

网络接口层主要培养学生对计算机网络与工业物联网的认识，使学生了解智能工厂的生产特征以及通过网络实现所有环节信息的无缝链接。

车间设备层：该层将不同的设备进行联网，实现设备间、设备层到工作终端的信息交互。加工程序可实现远程查询、上传、下载，子程序多层嵌套调用，大程序智能自动分段，可以从程序的任意行、任意换刀处实现程序的断点续传。

车间设备层主要培养学生对智能装备的编程与数据分析能力。现场作业的标准化和一键式加工的实施，使人力结构发生质的改变。以前需要 3 年以上熟练工做的工作，现在只需培训一个月就可以上岗。因此，过去注重培养学生动手操作能力的培养方式显然已不能适应智能制造发展的需要，而生产数据的采集与分析，设备生产运行数据分析应成为学生必备的技能。

2. 模具智能制造技术应用中心的组成

数字化设计实训室：数字化设计实训室包含 CAD、CAM、CAE、UG 等模具企业常用软件。"中国制造 2025"提出"创新驱动、质量为先、绿色发展、结构优化、人才为本"的基本战略方针，模具作为"工业之母"，中国产品质量的稳定性要靠模具人才质量作保证，而模具设计作为产品的首道工序，要培养学生一丝不苟的工匠精神和社会责任感，尤其是模具智能制造企业把协同设计、模块化设计、标准化设计作为主要设计方式，模具设计人员是在协同合作中工作，所以要时时对学生进行职业道德熏陶，要求学生熟练应用设计软件不断提升自己的设计能力和产品创新能力。

增材制造应用技术中心：我国在"十三五"规划中将重点扶持 3D 打印智能制造业的发展，形成 3D 打印产业的发展目标和技术路线，设立 3D 打印产业发展基金，开展 3D 打印相关软件、工艺、材料、装备、应用、标准及产业化的系统性整体性攻关，推进建设 3D 打印制造技术与其他先进制造技术融合的新型数字化制造体系。面对制造业由大规模生产向大规模定制的转变，作为蕴含"设计思维"的 3D 打印技术必将成为模具制造业技术创新不可缺少的元素。增材制造应用技术中心包括两台工业级 3D 打印机和多台桌面级 3D 打印设备、3D 打印激光快速成型实训室、3D 打印光固化成型实训室、3D 数字化测量实训室、3D 产品逆向工程实训室等，以"创新、创造、创业"为基本理念，将增材制造应用技术中心发展成为具有国内领先、国际先进水平的 3D 打印应用技术开发与服务的创新研究基地。将 3D 打印技术引入模具专业后，学生对这门技术非常感兴趣，为了使学生能够评估自己的学习效果及设计能力，允许学生打印塑料实物，这激发了学生学习热情，有些学生从网上下载模型，在"学"与"做"中真正实现基于创新的个性化学习体验与实践。有些桌面机是利用网络购买散件进行组装的，学生通过"网络视频"达到"做中学、学中做"，并且自己非常有成就感。

虚拟仿真实训室：在智能制造生产模式中，虚拟仿真和实体制造是相结合的，虚拟仿真既要熟练应用软件又要应用专业知识。新构建的课程体系按照理实一体化的原则，按照企业开发产品流程，将理论课与实训课进行整合，以典型工作任务重新组建教学内容，尽量在仿真环境中使学生做中学、做中教，使学生熟悉模具智能制造企业产品生产，以可视化的方式体验所学知识，以可视化的形式优化产品的制造工艺，同时以企业的技术标准来规范学生应用专业知识的能力。对于复杂的零件采用多个同学基于模块的协同合作方式来完成，以此培养学生的团队意识。在虚拟仿真实训室学生可完成产品电子订单、产品建模、程序仿真、虚拟制造等学习及实训任务。

模具智能制造中心：模具智能制造中心以"智慧制造"为背景，将3D打印设备、高端智能设备、模具成型设备、工业机器人和精密检测设备利用高性能控制系统进行集成，实现利用3D打印样品与产品智能生产相结合。在模具智能生产加工过程中，设备运行状态、物料运输、产品检测均可实现可视化。模具智能制造中心主要由数控铣床、五轴加工中心、激光加工机、工业机器人、数控线切割、三坐标测量机等组成。模具智能制造中心涉及数字化制造技术、物联网技术、自动加工技术、大数据分析技术等，通过物联网技术将数字化设计实训室、智能制造中心、质量检测中心连接起来，形成模具产品设计、数控编程、虚拟仿真、智能制造、质量检测和机床维护一体化的教学模式，打破传统课程界限，以适应智能制造发展趋势。通过模具智能制造中心使学生理解智能制造，其生产过程需要人、机、物的有效交互和紧密协作，它不仅需要信息技术、专业技术、系统思维方式等领域知识，还需要系统互联所需的方法能力、社会能力和个人能力。

基于协同制造的数据分析平台：该平台以模具行业标准为基础，对基于协同制造的大规模定制产品采用信息集成与处理技术，利用云计算和大数据服务模式，组织、管理不同规格、不同功能的产品数据。基于企业生产资源库对模具产品的设计、工艺、工序等数据进行统一的管理，通过对数据进行整理、索引、规范和关联，实现生产调度优化、提升产品质量监控等制造执行系统，提升企业智能化生产水平。学生通过该平台掌握生产数据分析与处理等信息化手段，利用生产过程的实时监控、设备维护、质量控制等制造执行系统功能模块，提升生产的智能化水平。

智能监控平台：利用软件技术采集生产现场加工信息，通过物联网应用技术寻找设备运行的最佳平衡状态数据，在网络覆盖区可实时监控生产过程及设备运行状况，实现生产过程与设备运行实时信息共享。通过数据的不断优化，为提高智能制造车间设备利用率，优化生产排产提供决策依据。监控数据既可为学生编程时优化工艺参数提供数据支撑，其数据分析、效率管控、状态评估等均有助于教师教学科研能力开发。

基于创新的创客平台：李克强总理在 2015 年的政府工作报告中提到"创客"，要把"大众创业、万众创新"打造成推动中国经济继续前行的"双引擎"之一。随着大规模定制生产模式的来袭，巧妙地创新为创造新事物提供可能。创客平台一方面使学生亲身实践模具产品设计，并在实践过程中不断追求产品的极致，体现了一种"工匠精神"。另一方面，在实践过程中通过团队合作，突破旧思维不断对模具产品进行创新，体现了一种"创新精神"。因此，创客平台为学生建立良好的职业道德、人生观和价值观奠定了良好的基础。

6.1.3　基于智能制造的实训项目开发

智能制造与传统制造相比，生产模式发生很大变化，对人才的职业能力需求与以往不同，因此，原有的实训项目已不能满足智能制造的要求，实训项目需重新构建。

表 6 - 1　快速设计模具实训项目

学习情境	快速设计模具
能力目标 1. 能够利用模型数据库进行模块化、标准化设计； 2. 能够对产品模型进行加工工艺规划； 3. 能够将规划后的产品模型进行操作仿真，并生成加工工序。	
主要内容 1. 模具快速设计方法； 2. 对产品模型进行工艺规划； 3. 能够将模型生成加工工序。	

工作任务
1. 学会使用产品模块库；
2. 学会对产品进行设计、工艺及工序仿真。

实训环境 模具理实一体化实训室	教学资源 1. 企业真实产品； 2. 每人一台计算机。
教学方法建议 1. 强调标准化、模块化设计的重要性； 2. 强调职业素养的重要性。	教学组织形式 1. 以班级为单位的一体化教学 2. 以小组为单位的协同合作练习
教师能力要求 1. 能熟练应用相关软件； 2. 具有一定的实际加工经验。	考核方式 模型加工刀路设置的正确性。

表6-2　物联网技术与生产过程集成实训项目

学习情境	物联网技术与生产过程集成

能力目标
1. 能够对每件产品进行编码并存储在标签中；
2. 能够利用物联网采集不同加工数据；
3. 能够利用软件对传感器采集到的筛选条件和处理服务进行匹配；
4. 能够利用物联网实现管理、设计、生产和物流的集成。

主要内容
1. 使用编码标准对每件产品进行编码；
2. 采集加工信息；
3. 利用软件对加工信息进行分配任务。

工作任务
1. 学会使用编码标准对产品进行编码；
2. 学会采集加工信息；
3. 将加工信息进行筛选并进行合理匹配。

实训环境 模具数字化智能车间。	教学资源 企业真实产品。

教学方法建议 1. 强调工匠精神的重要性; 2. 强调职业素养的重要性。	教学组织形式 以班级为单位的一体化教学。
教师能力要求 1. 熟悉物联网技术与应用; 2. 具有一定的实际加工经验。	考核方式 1. 产品编码的正确性; 2. 加工信息与处理服务的 正确性。

表6-3 模具产品智能加工实训项目

学习情境	模具产品智能加工
能力目标 1. 能够对生产工艺和生产进行判断; 2. 能够利用可视化跟踪生产物流; 3. 能够对高端智能设备进行操作。	
主要内容 1. 对生产工艺与生产设备进行响应判断; 2. 利用模具智能制造单元完成零件的精密加工;	
工作任务 1. 学会使用模具数字化智能车间设备; 2. 学会调用智能软件完成零件的加工。	
实训环境 模具数字化智能车间	教学资源 企业真实产品。
教学方法建议 1. 强调工匠精神的重要性; 2. 强调职业素养的重要性。	教学组织形式 以班级为单位的一体化教学。
教师能力要求 1. 熟悉物联网技术、RFID技术与应用; 2. 具有一定的实际加工经验。	考核方式 1. 产品加工信息与 机床进行匹配检验; 2. 熟悉智能加工设备的 操作规程。

表6-4 生产数据采集与分析实训项目

学习情境	生产数据采集与分析

能力目标
1. 能够熟练使用相关软件；
2. 能够采集设备生产状态，寻找设备运行的最佳数据；
3. 能够采集生产过程数据，合理分配人、机、物。

主要内容
1. 对生产设备进行监控；
2. 对生产过程进行监控；

工作任务
1. 学会使用软件分析生产设备的工作效率；
2. 学会使用软件分析生产数据。

实训环境 模具数字化智能车间	教学资源 企业真实产品。
教学方法建议 1. 强调工匠精神的重要性； 2. 强调职业素养的重要性。	教学组织形式 以班级为单位的一体化教学。
教师能力要求 1. 熟悉数据分析技术； 2. 具有一定的实际加工经验。	考核方式 能利用软件进行分析数据。

表6-5 模具产品检验实训项目

学习情境	模具产品检验

能力目标
1. 能够操作三坐标测量仪器；
2. 能够实现对产品进行精密检测；
3. 能够对生产过程数据发现产品质量异常。

学习情境	模具产品检验
主要内容 1. 对产品进行精密检测； 2. 利用软件分析判断生产品质异常；	
工作任务 1. 学会使用精密检测设备； 2. 学会分析生产数据。	
实训环境 模具数字化智能车间	教学资源 企业真实产品。
教学方法建议 1. 强调工匠精神的重要性； 2. 强调职业素养的重要性。	教学组织形式 以班级为单位的一体化教学。
教师能力要求 1. 熟悉精密检测技术； 2. 具有一定的实际加工经验。	考核方式 1. 熟悉精密检测设备的 操作规程； 2. 能利用软件分析生产数据。

综上，校内搭建的模具智能制造技术应用中心对职业能力的培养很难与企业岗位的要求一一对应，并且职业能力包含难以表述的隐性能力，它是实际生产经验与理论知识相结合的产物，与工作任务的复杂性程度有关，是个人职业发展不可缺少的能力。因此，要想让学生获得综合职业能力和隐性能力，必须在企业真实的工作实践中通过综合的工作任务来培养。

6.2　基于产教融合的校外实训基地建设

习近平总书记在党的十九大报告中对职业教育提出要"深化产教融合、校企合作"；国务院办公厅在《关于深化产教融合的若干意见》（国办发〔2017〕95 号）提出要"逐步提高行业企业参与办学程度，健全多元化办学体制，全面推行校企协同育人"。产教融合的基本内涵是深化校企合作、产教一体化，在教学过程中实现企业生产与高职教学对接，产教融合是高职模具专业实现自我发展的重要途径，而校外实训环境则是实现对接过程的重要载体之一。高职模具专业为模具企业提供人力资源，培养的学生所拥有的高端技术技能水平会影响模具行业发展，因此，两者只有相互合作，才能推动模具行业有序发展。模具企业与高职模具专业融合，是高职院校为提高其人才培养质量而与企业开展的深度融合。作者所在高职的模具专业，与天津汽车模具有限公司、青岛海尔模具有限公司、上海数字制造有限公司、深圳模德宝科技有限公司等多家公司合作，校企双方通过深入分析模具智能制造对人才培养规格、知识与能力需求，协同开展模具专业建设、课程开发、项目实践、实训基地建设等各项工作，使模具智能制造企业需求融合到人才培养的各个环节，这种融合主要包括团队融合、环境融合、项目融合和管理融合，如图6-6所示。

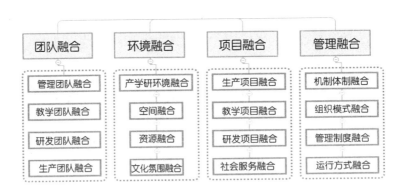

图6-6　校企融合形式

在图6-6中，团队融合主要包括管理团队融合、教学团队融合、研发团队融合、生产团队融合；环境融合主要包括产学研环境融合、空间融合、资源融合和文化氛围融合；项目融合主要包括生产项目融合、教学项目融合、研发项目融合和社会服务融合；管理融合主要包括机制体制融合、组织模式融合、管理制度融合和运行方式融合。

6.2.1　产教融合校外实训基地的选择与管理

高职教育是一种以"能力教育为主，以素质教育为本的教育，为学生进入现实和未来市场就业或创业做准备的教育"。然而，高职院校在实训场地、先进加工设备、职业能力培养等方面与企业存在很大差距，难以培养"适销对路"的人才；企业希望招到的高职学生不经培训即可投入工作，希望高职学生对企业工作有良好的认知。要想更好地解决学校与企业的难题，只有学校和企业共同参与人才培养。从国外发达国家职业教育可以看出，他们的企业均积极参与职业教育，校企双方共同制定课程标准，课程内容与企业的工作任务对接，并根据企业需求及时更新课程内容。在智能制造视域下高职模具专业人才培养中，实施校企"双主体"实训基地为学生提供综合技能训练的真实生产环境，可有效保障高端技术技能人才的培养，但企业本身具备的实训条件、校企合作管理和校企共建共享实训环境的规模都会影响企业对人才的培养质量。

1. 校外实训环境要求

具备一定的生产规模：作为校外实训基地的模具智能制造企业，其本身必须具备一定的生产规模才能有条件实现学生的轮岗实习，更好地促进其职业迁移能力的培养。

具备行业的代表性：智能制造视域下高职模具人才的培养是着眼于未来与社会经济的发展，所以企业本身在同行业中应有适度的超越，属于行业中的领军企业。

具备技术上的引领性：高职教育是一种以能力教育为主的教育，学生校外实训是为了进入现实和未来市场就业或创业做准备的，所以，作为校外实训基础的模具智能制造企业要具备技术上的引领性。

企业培训具有一定的基础：学生到企业后，企业能提供掌握智能生产流程的师傅指导学生进行实践，确保学生能掌握工作中所需的高技能，将来更好地为模具企业发展服务。

可接受专任教师的企业实践：现在经济发展速度、科学技术发展速度、产业转换与升级速度均超出人们的想象，高职模具专业专任教师只有深入智能制造企业实践，才能了解企业发展需求，以便在教学中不断完善与创新课程体系，作为校外实训基础的模具智能制造企业要能接纳教师融入企业生产或技术开发中。

2. 加强校外实训基地管理

模具智能制造企业参与高职模具专业教学活动，对模具专业的课程设置、师资培训、实训基地建设、实习培训等做出宏观决策和管理，对教育和培训标准的制定发挥主导作用，高职院校对校外实训基地应加强管理，切实让学生参与到真实的智能制造环境中，在解决问题的过程中提高自己的职业能力。现有教育是培养标准化的劳动者，而当今是需要跨学科、复合型、创新型劳动者，模具智能制造企业参与高职模具专业实训操作规范、师资培养、实训基地建设等教学环节，有力保障了职业能力培养是基于企业需求构建。

3. 校企共建共享实训基地

根据职业能力和培养目标需求，选择具备模具智能制造生产模式、能引领技术发展、模具人才需求量较大的企业作为重点依托型、紧密合作型的校外实训基地。也可接纳有实力的模具企业在校内共同建立共享实训基地，可有利于模具专业更好地对接产业链，使培养的模具人才在知识和能力结构上满足企业需求。在智能制造视域下模具制造业需要领先的知识技能支撑才能得以稳步发展，所以，模具企业参与教学有利于从企业的需求出发提出人才培养的要求。

综上，模具智能制造企业参与高职模具专业教学活动，对模具专业的课程设置、师资培训、实训基地建设、实习培训等做出宏观决策和管理，切实让学生参与到真实的智能制造环境中，对教育和培训标准的制定发挥积极的主导作用。因此，校外实训环境是校内实训环境的有效补充，建立产教融合校外实训环境是高职模具专业按照模具智能制造企业需求进行人才培养改革的大势所趋。

6.2.2 产教融合校外实训基地实现的目标

智能制造的发展使传统精细分工的简单操作工作岗位被以解决生产实际问题为导向的综合工作任务所代替，对个人的综合职业能力和职业素养要求较高。高职教育是一种以"能力教育为主，素质教育为本"的教育，只有让学生在真实的工作环境中对工作任务进行整体化感悟和反思，才能实现知识与技能、职业素养与价值观的统一，而校内实训环境缺乏工作过程的完整性，难以培养学生解决综合性生产实际问题的能力，阻碍了学生职业迁移能力的发展。由此可见，智能制造视域下高职模具专业的人才培养既需要校内对基础职业能力的培养，也需要企业真实生产环境对综合职业能力和隐性能力的培养。只有校企"双主体"实训环境才能保障学生从"完成简单工作任务到完成综合性工作任务"能力的提升，因此，产教融合校外实训环境在综合职业能力培养、协同育人机制、教学资源库建设等方面具有特殊功效。

1. 基于工作任务的综合职业能力培养

基于工作任务的综合职业能力培养是以模具项目为主导，在实施过程中，学生具有学生与学徒"双重身份"。在人才培养过程中将生产过程、技术标准、岗位规范融入教学课程，使教学过程与生产过程对接。通过企业真实的工作任务使教学内容能够满足行业发展对职业能力的要求，实现专业技能、岗位技能和专业素质的综合培养。校企双方通过实际生产项目定制培养课程进行相关领域职业能力的培养，尤其是复杂的综合职业能力和隐性职业能力培养在校内难以完成。产教融合校外实训教学既面向企业需求，实现校企人才培养供需准确对接，同时也满足了学生职业能力向多样性发展的需求，拓宽个人就业岗位。

2. 形成校企协同育人机制

校企双方在合作过程中均牵涉到各自的利益，因此，我们在合作过程中围绕校企协同机制、岗位行动规范、流程质量监控和职业行为导向四个层面进行制度体系建设以保证校企合作顺利进行，如图 6 - 7 所示。制度体系建设包括合作模式、组织协作、过程实施、标准控制、质量评价、诊断改进、供需服务、反馈调控等管理内容和管理指标。学生（学徒）从"上岗"到"产品"质量标准控制以及员工化考核评价等均按企业标准执行，建立了有效的教学质量评价体系，培养了学生的职业素质和绩效意识；对教师及企业人员形成了从过程实施到质量生成全方位的教学团队考核评价体系。校企管理团队的融合，明确校企双方的责任权利，制定议事规则，定期召开校企合作联席会，共同分析和解决校企合作、学生培养、供需对接等事宜，反馈调控提升人才培养服务水平。

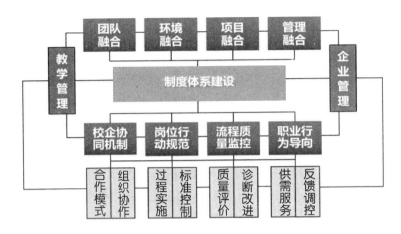

图 6 - 7 基于企业管理与教学管理相融合的育人机制

3. 推进生产标准与项目案例转化教学资源

产教融合校外实训教学将企业生产研发项目与案例式教学相结合，及时跟进行业产业技术发展，依据行业标准和岗位能力需求开发专业教学标准，提炼任务训练模块、建成生产项目案例的动态教学资源库。产教融合校外实训教学可使学生在真实的生产环境中将知识转化为技术技能，实现教育与生产相结合，引导学生从学生向职业员工转变。智能制造视域下的知识呈现复杂化、多元化的特征，而高职模具专业的学生未来的工作岗位不是理论研究，对知识掌握的重点不是"我懂了""我明白"，而是如何用知识解决实际问题，能具备"我知道怎么做"、"我会做"的能力。校内实训给予不了真实的工作环境，如果校外实训也不能给学生提供"做"的场所、"做"的机会、"做"的时间…，那职业能力的培养、职业素养的形成只是纸上谈兵，再先进的职教理念、再高水平的师资队伍，也培养不出高素质技术技能型人才。因此，产教融合校外实训环境的建立对高职模具专业不是可有可无，而是制约模具专业培养的学生在未来的企业中与其他同类院校学生比拼时能否站在制高点的重要砝码。

综上，结合习近平总书记在十九大报告中对职业教育的要求和智能制造发展趋势，加强产教融合校外实训环境建设是由职业教育本质所决定，深化职业教育改革，必须重视产教融合校外实训环境建设，将能力本位教育贯穿高职模具专业教学全过程。

6.3 基于智能制造的师资队伍建设

智能制造对教师队伍建设提出了更高的要求，以适应智能制造人才的培养。智能制造视域下的高职模具专业师资队伍应积极拓展建设思路、开拓新的路径、采取新的举措，积极开展与模具智能制造企业的合作，使师资队伍顺应社会发展需求，促进高职模具专业健康、持续发展。师资队伍建设既要促进教师队伍专业化发展，也要促进教师个体专业发展；既要促进教师队伍整体素体的提高，也要促进教师队伍结构的不断优化；既要适应智能制造技术发展变化，也要促进学生的全面发展。

6.3.1 师资队伍建设途径

智能制造视域下高职模具专业课程体系的实施和实训教学都对师资提出很高的要求，因此，本书对高职模具专业师资队伍提出要加强专兼结合的"双师双融"特色的教师队伍建设、建立校企人员相互聘用和兼职制度、科学合理的教学梯队、引进模具行业复合型创新型工程技术人才和深化产教融合等建设要求。

1. 加强专兼结合的"双师双融"特色的教师队伍建设

高职院校的专任教师是"双师素质"的教师，既能从事理论教学，也能够指导实践教学。智能制造背景下模具专业课程体系突出"四融合"，对教师能力和素质提出新的、更高的要求。如前所述，工业化和信息化的融合、生产型制造向服务型制造转变，要求教师具有"双融"职业能力。同时，立德树人写进了 2015 年新修订的《中华人民共和国高等教育法》，2017 年教师节前夕李克强总理到天津职业技术师范大学考察时指出职业院校的教师是工匠之师，既是老师，又是师傅；既传道又授业；既是灵魂工程师，又是卓越雕塑师。这就要求职业院校教师要把提高学生职业技能和培养工匠精神高度融合，来培养具有精益求精工匠精神的智能制造的模具人才，要求教师具有立德树人的能力。由此可见，智能制造条件下高职模具专业要求建立"双师、双融"的特色的教师队伍。为此，多措并举打造"双师双融"特色教师队伍。一是构建具有复合能力的教师队伍，如引进具有一定数量的信息技术和制造业服务领域的技术技能人才；二是加强对现有教师培训和企业实践，使他们具有双融合的知识和技能；三是从行业企业聘任具有复合性、创新性的工程技术人才和能工巧匠，通过优势互补，实现教师队伍的结构优化，从而打造"双师双融"特色的教师队伍。

2. 建立校企人员相互聘用和兼职的制度

智能制造视域下，模具制造业表现出技术柔性化、工艺流程复杂化、设备智能化、功能集成化、业务流程互联互通、岗位综合化等特征，必然要求深化产教融合，企业也成为办学主体，校企合作、工学结合、双主体育人机制成为高职院校名副其实的培养模式。为此，一方面企业的工程技术人员成为高职院校的兼职教师，或受聘到学校开展理论课或实践课教学工作，或在模具智能制造企业中指导学生顶岗实习。另一方面，学校也要加强教师专业实践能力的培养。一是提高新进教师技术技能门槛，要求具有3至5年企业工作或实践经验的教师、或具有三级职业资格证书、或具有非教师系列中级专业技术职务的教师才能到高等院校任教；二是实行新进教师企业实践制度。新聘任且没有企业实践经验的教师要到企业实践半年以上才能上岗任教；三是落实好教师企业实践制度，尤其是青年教师，必须定期到企业进行实践，从而了解模具智能制造业的现状，加强实践能力；四是与企业建立岗位交流制度，高职院校的教师到企业挂职锻炼等。总之，把高职院校与企业技术人员交流制度作为深化产教融合的重要抓手。

3. 建立科学合理的教学梯队

高职院校发展时间短，近年来主要构建专兼结合的"双师型"教师队伍，旨在加强教师专业实践能力和实践教学能力，虽取得了明显的成效，但还没有建立起结构合理的教师梯队，不利于促进教师专业发展，也不利于提高教师队伍的整体实力。为此，要逐步建立教学能手、教学骨干、专业带头人、教学名师（技能大师）四个层级的教师队伍。要建立四个层级教师的评价指标体系，引领教师不断追求高一级别的教师。教学能手，在教师队伍建设中的示范引领和骨干带动作用；骨干教师，在专业、课程、实习基地建设中发挥骨干作用；专业带头人，负责专业建设论证，主持专业教学计划和课程教学大纲的制订和修订，提出专业教师建设计划或建议；教学名师，形成独特的教育教学思想，教学效果和成果专著。要给教学名师建立名师工作室，充分发挥名师的示范、辐射和指导作用，实现资源共享、智慧生成、全员提升的目的，培养一批师德高尚、造诣深厚、业务精湛的教师。同时，要给从企业聘请的技能大师，建立技能大师工作室，成为学校与企业对接的一个重要窗口，把企业新知识、新技术、新材料、新方法、新模式等能够有效地在学校传播。

4. 引进模具行业复合型、创新型工程技术人才

智能制造条件下模具制造业表现出工艺流程复杂化、技术柔性化、功能集成化、岗位能力要求综合化的特征，整个行业许多工程技术人员是复合型、创新型人才，这些人才是院校难以培养的，所以高职院校在一些关键领域、关键技术方面必须聘请大量的来自一线的专兼职工程技术人才，不断提高特色师资队伍的整体工程实践能力水平。模具行业复合型、创新型技术人员的引进可使模具专业教学内容紧扣模具生产过程中新设备、新工艺、新技术、新知识、新成果、新标准的要求，不断促进高职模具专业课程内容的更新与完善；及时采集、分析模具企业相关信息，确保培养的模具专业学生为企业所需，确保模具专业建设持续、健康、快速发展。因此，引进模具行业复合型、创新型人才弥补了专任教师队伍的不足，优化了教师队伍素质结构，能够有效培养出企业急需的技术技能型人才。为此，地方政府或学校要为专兼职聘请来自行业企业的复合型、创新型工程技术人才提供经费支持和保障政策。

5. 深化产教融合，为师资队伍建设创造条件

随着模具智能制造的发展，高档数控加工设备、高速切削技术、3D 打印技术、工业机器人、云制造、大数据、物联网等都完全融入高职模具专业教学环节，高职院校面临很多困难与挑战，模具企业在转型升级的过程中也会遇到很多难题，因此，高职院校应与企业加强产教融合。对高职院校而言，要利用好企业资源，和企业共同研发技术难题，提高教师的科研能力；同时教师到企业培训，掌握企业高档的加工设备、加工技术的操作技术，为教学打下良好的基础。对企业而言，高职院校模具专业教师具有良好的知识技能，与企业技术人员可以形成优势互补，实现利益共赢；另外可从学校挖掘最好的模具苗子，为以后企业的发展储备技术人才。

综上，对师资队伍建设不仅在校内要完善师资队伍梯队结构，而且要与企业加强合作，一方面是积极引进企业技术人才，另一方面是加强校企合作、深入产教融合，提高师资队伍整体的教学水平。

6.3.2 师资队伍建设实例

为了使模具专业师资队伍迎合智能制造人才的培养，通过学院领导和相关院系领导进行沟通协调，在校内对师资队伍进行了跨专业的整合，师资队伍建设经历了从简单的"物理组合"到相互间的"化学反应"再到各自发挥专业优势促进"基因融合"；校企间组建了技术服务与专业教学相融合的"协作型"师资队伍，使智能制造视域下的师资队伍建设顺应社会发展需求，促进高职模具专业健康、持续发展。

1. 基于高职模具专业建设，对师资队伍进行简单的"物理组合"

如前文所述，物联网、人工智能、大数据分析、新材料、3D 打印等新技术和新生产模式使我国科技与产业发展高度耦合，智能化、柔性化与大规模定制等新型制造模式对传统制造业产生颠覆性影响，不同工科的交叉融合对现代工程技术技能型人才在知识、能力与职业素养等方面都提出新的要求，未来产业发展需转型升级，智能制造新工科代表的是最新产业或行业的发展方向。

智能制造视域下高职模具专业新建设，首先面临的是专业教师的整合，模具专业不再是单纯的模具专业，而是由模具、工业机器人、自动控制等专业融合、渗透或拓展而成的综合性专业。为了提高智能制造视域下模具专业建设与京津冀经济发展的契合度，我们首先将模具、自动控制和工业机器人三个专业教师通过巧妙地物理组合，形成新专业的师资队伍，跨学科师资队伍建设为开展模具智能制造技术领域研究和人才培养奠定了良好的基础。

2. 基于高职模具专业新课程体系，使师资队伍产生良性的"化学反应"

前文所述，高职模具专业新课程体系包含公共基础类课程群、专业基础类课程群、专业技术类课程群、软件应用类课程群、基于智能制造的实训类课程群、方法类课程群和职业发展类课程群，新课程体系呈现出跨学科、复合化的特征。在课程组织实施过程中，师资队伍要对课程体系进行职业技能与工匠精神融合、理论与实践融合、职业迁移能力与智能制造新技术融合、虚拟与现实融合（简称"四融合"），使课程体系发生质的融合，师资队伍在对新课程体系进行顶层设计、课程内容组织架构、课程评价实施等过程中进行有效组合，工作关系由原来的不熟悉变成相互间产生良性的"化学反应"。

模具专业教师之间产生的"化学反应"既关系到人才培养方案的制定、课程内容的选择和专业建设的特色发展，也关系到模具专业是否能持续改进和创新服务模具产业发展。目前，跨专业师资队伍正对新课程体系进行新知识、新工艺、新技术、新技能、新方法的融合，在工作中相互磨合，聚焦津京冀模具产业发展新技术，以学生为中心，提供个性化培养，促进学生全面发展。

3. 基于智能制造视域下人才培养，使师资队伍实现模具专业的"基因融合"

所谓"基因融合"是指两个或多个基因的编码首尾相连，置于同一套调控序列控制下构成的嵌合基因。本书"基因融合"中的"基因"主要指不同专业，即不同专业教师围绕人才培养目标，发挥各自专业优势，通过"基因融合"改造现有模具专业。

模具智能制造需要的人才，应掌握模具设计、数字化制造、增材制造、物联网、工业大数据、人工智能等先进制造技术，单一专业教师难以完成对现有模具专业的改造，而跨专业教师通过诸多专业的"基因融合"有利于形成专业教学优势，既顺应了高职模具专业建设需求，又适应了模具产业链对智能制造人才培养的需求。

4. 基于创新工程教育，持续推进师资队伍进行智能教学资源开发

党的十九大报告指出，我国经济已由高速增长阶段转向高质量发展阶段，正处于转变发展方式、优化经济结构、转换增长动力的攻关期。高职院校作为技术技能人才培养的重要场所，应主动适应社会发展的新趋势，与企业发展协同改革与创新，精准把握企业转型升级与产业创新对技术技能型人才的新要求，通过提高高职专业建设与社会发展新需求的契合度，提高人才培养目标与培养效果的达成度。新组建的高职模具专业师资队伍将现代信息技术与专业特色优势相结合，同时利用虚拟仿真、VR/AR等动态技术，把与教学活动相关的文字、图像、声音等进行信息化处理，建设成了高效的知、情、意一体化的高智能教学资源。

智能化教学资源将感知、理解与运用融为一体，在教学过程中有效地调动了学生的学习积极性，使学生在短时间理解与消化所学知识。另外，在缺少智能制造硬件的条件下，智能化教学资源利用信息化技术手段弥补了硬件的不足，在线开放教学平台、线上线下融合的学习新模式对学生的学习起到了助学助教的作用。

5. 基于校企合作，组建技术服务与专业教学相融合的"协作型"师资队伍

以校企合作为平台，将校内师资队伍与企业优质人力资源共同组成具有生产研发、技术服务能力的"协作型"师资队伍。技术服务与专业教学相融合的师资队伍为企业生产提供技术服务，并为企业适应产业结构调整提供智囊咨询服务。同时，校企人员相互融合促进，有效提升了专任教师实践教学能力，逐渐形成梯队、层次、结构、分工合理的一流"协作型"师资队伍。目前，已在校内建立起校企人员沟通交流平台，相互间形成浓郁的"协同创新"文化交流氛围。

综上，师资队伍是专业建设的核心元素，师资队伍建设不仅要协调好成员间相互关系，还要发挥各自专业优势，将现代化信息技术与模具智能制造技术融合开发出高智能教学资源。同时，也要与企业技术骨干或专家相互协作，共同为模具智能制造人才培养而努力。

6.4　本章小结

本章根据智能制造视域下高职模具专业职业能力培养和课程体系实施的要求，重新构建了实训基地和师资队伍。为了更好地应对模具智能制造人才的培养，在校内搭建了生产环境与教学环境相融合的技术应用中心，并依据职业能力培养对实训项目进行开发；基于产教融合对校外实训基地的选择管理及实现的目标进行了研究。对师资队伍建设在校内进行了跨专业教师的有效整合，使师资队伍建设从简单的"物理组合"到相互间的"化学反应"再到各自发挥专业优势促进模具专业的"基因融合"；基于校企合作，组建技术服务与专业教学相融合的"协作型"师资队伍，使模具专业整体师资队伍建设顺应社会发展需求，促进高职模具专业健康、持续发展。

第七章

研究总结

本书在前面六章对智能制造视域下高职模具专业人才培养进行了分析与研究。当前全球制造业以智能制造为核心开启第四次工业革命，这是一场颠覆性的工业革命，对制造业的发展与转型将产生极大的影响。信息化、物联网、工业机器人、3D打印、工业数据分析、射频技术、传感技术等在模具制造企业的应用，将引领我国模具制造业向智能制造转型，但在转型的过程中，智能制造对模具制造业及其技术技能人才产生巨大影响。笔者通过到国内多家顶尖模具智能制造企业实地调研，调研发现智能制造使高职生的就业岗位和岗位职业能力要求均发生变化。这种变化使高职模具专业的课程体系、师资队伍建设和实训环境建设遇到很大的挑战。我国于2015年提出大力发展智能制造，目前，高职模具专业针对智能制造的人才培养改革研究相对较少。鉴于此，本研究采用文献研究法、问卷调查法、德尔菲法等多种研究方法，对智能制造视域下高职模具专业人才培养进行了深入研究，具体结论归纳如下：

第一，系统研究了智能制造对模具制造业及高职模具专业的影响。首先，通过文献资料研究了智能制造与智能工厂的特征；其次，研究了智能制造对模具制造业的影响，通过梳理模具制造业的技术变迁和分析研究智能制造对模具制造业的影响，结果发现每次技术变迁都使得生产一线设备的操作能力变得简单化，而知识变得复杂化；智能制造使模具制造业从企业功能、企业管理、生产环节、生产模式、生产驱动、生产方式和生产技术等方面均发生变化；再次，通过企业调研，研究了智能制造对高职模具专业就业岗位的影响，这些影响包括就业岗位从生产制造岗位向生产服务岗位转变、从单一工种岗位向复合能动岗位转变、从技能型岗位向知识技能型岗位转变、从岗位个体独立向团队合作转变、从工作岗位由相对岗位固定向流动岗位转变等；最后，分析研究了智能制造视域下高职模具专业在职业能力培养、课程体系构建、师资队伍建设和实训环境建设等方面遇到的挑战。

第二，基于职业能力构建的理论基础和实践依据，利用职业能力分析法对模具智能制造企业从"生产前、生产中和生产后"三个工作领域的工作任务及能力要求进行研究，并以此为基础，依据国家相关文件和《悉尼协议》国际要求编制调查问卷，利用德尔菲法初步确定28项职业能力的构成要素。通过多维尺度分析法对构成要素进行聚类分析，将28项构成要素分为10组，然后邀请专家对10组能力从方法能力、专业能力和社会能力进行三级能力指标的确定。通过调查问卷对职业能力指标体系进行了有效性及合理性研究，并不断进行完善，最终确定了包含3项一级指标、10项二级指标和和31项三级指标的职业能力指标体系。

第三，以能力本位教育理论和范例教学理论为基础，以职业能力为主线，利用鱼骨图作为课程体系开发的工具，从课程目标、课程内容、课程组织入手，对高职模具专业课程体系进行重新构建。以职业能力为主线，以典型工作任务为载体，制订了高职模具专业核心课程。为了使多学科知识融为一体，组建了7个课程群，课程群采用工匠精神与职业技能融合、理论与实践融合、职业迁移能力与智能制造技术融合、虚拟与现实融合的实施方案，以有效提高课程质量与教学效果。对课程评价从课程与职业能力的交互影响分析入手，对实施的课程进行评价，通过课程内容达成度分析，促进课程持续改进，逐步达到提高教学质量的目的。

第四，针对智能制造对高职模具专业职业能力和课程体系的变化，重新构建了实训基地和师资队伍。为了更好地应对模具智能制造人才的培养，在校内搭建了生产环境与教学环境相融合的技术应用中心，并依据职业能力培养对实训项目进行开发；基于产教融合对校外实训基地的选择管理和实现的目标进行了研究。对师资队伍建设在校内进行了跨专业教师的有效整合，使师资队伍建设从简单的"物理组合"到相互间的"化学反应"再到各自发挥专业优势促进模具专业的"基因融合"；基于校企合作，组建技术服务与专业教学相融合的"协作型"师资队伍，使模具专业整体师资队伍建设顺应社会发展需求，促进高职模具专业健康、持续发展。

目前，智能制造已成为制造业的大势所趋，未来的必然走向，为适应新形势，在一些发达地区，高职模具专业的人才培养也在积极开展有益的探索，但所做的努力是初步的。由于受现实的局限，本研究是基于国内外现有智能制造研究成果所作的一项研究，本书的研究成果将对我国高职模具专业人才培养转型提供一些启示和参考价值。

智能制造视域下高职模具专业人才培养是一次探索性的研究，它本身具有一定的研究难度。由于资料、经验和时间等方面的限制，还有许多深层次的问题尚未探究，笔者深感不足。

首先是进一步对智能制造生产特征作深层次的理解。智能制造既是一次技术革命，也是一次社会变革，对模具制造业产生革命性的影响，也对高职院校模具专业人才培养提出更高的要求。我国于2015年提出大力发展智能制造，对智能制造的生产特征有些方面理解可能还不到位，今后将立足我国模具产业升级和智能制造的需求作进一步深入调查研究。

其次是在教学实践中不断完善高职模具专业课程体系。虽然，能力本位教育的课程内容要满足学习者、社会发展、学科发展和职业发展的需求，但由于研究时间的关系，目前的课程内容筛选同时满足上述四个方面的需求有些不足，须后期持续改进及完善。另外，对教学中的范例教学，有些范例选取不是特别合适，有待今后教师们和企业界进一步协调。

再次是对校企"产教融合"及"双育人"机制的探索。培养具备智能制造时代的"职业人"对实训环境和师资队伍都提出很高的要求，高职院校仅依靠自身条件难以高标准地完成人才培养规格，在教学环节上如何更好地与模具产业链对接，在教学实践上如何创新校企合作机制，今后要作进一步深入研究。

参考文献

［1］LIU JianPing, YE BangYan. The Summarization of the Development Trends of Intelligent Manufacturing and Its Application, Journal of Shanghai. University (English Edition), 2004, 8（suppl）：129 – 133.

［2］刘星星. 智能制造：内涵、国外做法及启示. 河南工业大学学报（社会科学版）, 2016（02）：52 – 56.

［3］Saldivar A A F, Li Y, Chen W N, et al. Industry 4. 0 with cyber – physical integration：A design and manufacture perspective. International Conference on Automation and Computing. IEEE, 2015.

［4］苗圩. 中国制造2025迈向制造强国之路. 国防科技工业, 2015（06）：12 – 15.

［5］中国互联网与工业融合创新联盟, 中国信息通信研究院主编. "中国制造+互联网新图景". 北京：人民邮电出版社, 2016：8.

［6］王芳, 赵中宁, 张良智, 丁林耀, 丁明伟. 智能制造背景下技术技能人才需求变化的调研与分析, 中国职业技术教育, 2017（11）：18 – 22.

［7］林建平. "工业4. 0"下的模具智能化发展趋势. 模具工业, 2016（42）：5.

［8］柴建国, 陆建军著. 高职模具设计与制造专业人才培养模式探索与实践, 机械工业出版社, 2014：10 – 12.

［9］Hendrik Van Brussel. Holonic Manufacturing Systems：The Vision Matching the Problem. First European Conference on Holonic Manufacturing Systems. Hannover, Germany, Dec. 1, 1994.

[10] GUO Qing – lin, ZHANG Ming. An agent – oriented approach to resolve scheduling optimization in intelligent manufacturing. Robotics and Computer – Integrated Manufacturing, 2010 (26): 39 – 45.

[11] Machine learning: An artificial intelligence approach. Springer Science & Business Media, 2013.

[12] E. Abele. K, Schutzer. J, Bauer, etc. Tool Path Adaption Based on Optical Measurement Data for Milling with Industrial Robots. Prod. Eng. Res. Devel, 2012 (6): 459 – 465.

[13] M. Mahesh. S. K. Ong. A. Y. C. Nee. Towards a generic distributed and collaborative digital manufacturing. Robotics and Computer – Integrated Manufacturing, 2007 (23): 267 – 275.

[14] 杨叔子，吴波. 依托基金项目开展创新研究——国家自然科学基金重点项目"智能制造技术基础"研究综述. 中国机械工程, 1999 (09): 987 – 990.

[15] Production System Modeling Technical Committee Japan FA Open Systems Promotion Group. Specifications of the Open MES Framework. Manufacturing Science &Technology Center, 2000.

[16] Lee S W, Nam S J, Lee J K. Real – time data acquisition system and HMI for MES. Journal of mechanical science and technology, 2012, 26 (8): 2381 – 2388.

[17] JAMES T. Smart factories. Engineering and Technology, 2012, 7 (6): 64 – 67.

[18] Lucke D, Constantinescu C, Westk? mper E. Smart factory – a step towards the next generation of manufacturing//Manufacturing systems and technologies for the new frontier. Springer London, 2008: 115 – 118.

[19] Radziwon A, Bilberg A, Bogers M, et al. The Smart Factory: Exploring adaptive and flexible manufacturing solutions. Procedia Engineering, 2014 (69): 1184 – 1190.

［20］Hessman T. The Dawn of the SMART FACTORY. Industry Week, 2013, 14.

［21］CARLO H J, VISI F A, ROODBERGEN K J. Storage yard operations in container terminals: literature overview, trends, and research directions. Flexible Services and Manufacturing Journal, 2015, 235（2）: 412 - 430.

［22］McKAY K N, WIERS V C S. Unifying the theory and practice of production scheduling. Journal of Manufacturing System, 1999, 18（4）: 241 - 255.

［23］杜慧蝉, 马为清, 牛江荣. 智能制造新业态新模式下的技术热点及应用推广成熟度分析. 智能制造, 2017（08）: 25 - 28.

［24］王志宏, 杨震. 人工智能技术研究及未来智能化信息服务体系的思考. 电信科学, 2017（05）: 1 - 11.

［25］吕瑞强, 侯志霞. 人工智能与智能制造. 航空制造技术, 2015（13）: 60 - 64.

［26］吕铁, 韩娜. 智能制造: 全球趋势与中国战略. 学术前沿 2015（11）: 6 - 17.

［27］夏妍娜, 赵胜著. INDUSTRIE 4.0. 北京: 机械工业出版社, 2015: 56.

［28］CPS Steering Group. Cyber - physical systems executive summary. CPS Summit, 2008.

［29］Volkmar Koch, Simon Kuge, Dr. Reinhard Geissbauer, Stefan Schrauf. Industry 4.0 Opportunities and hallenges of the Industrial Internet. Germany: Strategy&PWC, 2014: 3.

［30］谭建荣, 刘达新, 刘振宇, 程锦. 从数字制造到智能制造的关键技术途径研究. 中国工程科学, 2017（03）: 39 - 44.

［31］苏艳阳, 李锐, 陈宇等. 传感技术综述. 数字通信, 2009（04）: 20 - 26.

［32］FARID A M. Measures of reconfigurability and its key characteristics in intelligent manufacturing systems. Journal of Intelligent Manufacturing, 2014, 28（1）:

1 - 17.

[33] 尹周平, 陶波. 智能制造与 RFID 技术. 航空制造技术, 2014 (03): 32 - 35.

[34] Poon KTC, Choy KL, Lau HCW. A Real - time Manufacturing Risk Management System: An Integrated RFID Approach. Portland International Center for Management of Engineering and Technology. Portland, OR: IEEE, 2007: 2872 - 2879

[35] Zheng X, Lee H, Weisgraber T H, et al. Ultralight, ultrastiff mechanical metamaterials. Science, 2014, 344 (6190): 1373 - 1377.

[36] 孟凡生, 赵刚. 传统制造向智能制造发展影响因素研究. 科技进步与对策, 2018 (01): 66 - 72.

[37] 王若平, 王伯明, 张亚琴, 勾淑萍. 精密检测和质量分析系统设计与质量控制方法研究. 国防制造技术, 2014 (04): 21 - 24.

[38] 耿金良, 王劲, 孙千里, 安雁秋. 自动化设备的数据采集与计算机处理技术. 机电工程, 2014 (05): 616 - 619.

[39] ELMARAGHY H, ALGEDDAWY T, AZAB A, et al. Change in manufacturing - research and industrial challenges// Proceedings of the 4th International Conference on Changeable, Agile, Reconfigurable and Virtual production (CARV 2011), Montreal, Canada, 2 - 5 October 2011. Berlin: Springer Berlin Heidelberg, 2012: 2 - 9.

[40] LI Bohu, ZHANG Lin, WANG Shilong, etal. Cloud manufacturing: a new service - oriented networked manufacturing model. Computer Integrated Manufacturing Systems, 2010, 16 (1): 1 - 7, 16 (in Chinese).

[41] 辛国斌, 田世宏主编. 智能制造标准案例集. 北京: 电子工业出版社, 2016: 1.

[42] 石镇山, 刘越芳. 智能制造面临的重大科学问题和关键技术. 电器与能效管理技术, 2017 (24): 1 - 4.

[43] 周济. 制造业数字化智能化. 中国机械工程, 2012 (20): 2395 - 2400.

[44] 左世权．我国智能制造业发展战略思考．中国经济时报，2012 (08)：23.

[45] 谭建荣．智能制造与机器人应用关键技术与发展趋势．机器人技术与应用，2017（3）：18 – 19.

[46] 孙柏林．未来智能装备制造业发展趋势述评，自动化仪表，2013 (01)：1 – 5.

[47] 李靖，都韧刚，宫正军等．智能装备在自动化焊装生产线上的示范应用．汽车工艺与材料，2016（06）：5 – 9.

[48] 李志强，王湘念，王焱．突破智能装备及生产线关键技术推动航空智能制造落地．中国航空报，2016. 3. 29.

[49] KWON Y, PARK Y. Improvement of vision guided robotic accuracy using Kalman filter. Computers & Industrial Engineering, 2013, 65（1）：148 – 155.

[50] GOPAN V, RAGAVANANTHAM S, SAMPATHKUMARS. Condition monitoring of grinding process through machine vision system//International Conference on Machine Vision and Image Processing. Piscataway, NJ：IEEE, 2013：177 – 180.

[51] MESA. Lean Manufacturing Strategic Initiative Guidebook Extract：The Role of Technology in the Lean Journey. 2014.

[52] 熊禾根，李建军，梁培志等．模具企业车间作业计划中的关键路径及其求解算法．中国机械工程. 2006（12）：1273 – 1276.

[53] 李捷，王汝传．基于WEB平台的分布式网络管理模型的研究与实现．计算机工程与应用，2003（36）：134 – 137.

[54] 张平，周军军，黄艳丽等．面向中小模具企业的网络化协同制造系统及实现．现代制造工程. 2006（10）：140 – 143.

[55] 吕铁．第三次工业革命与中国制造业的应对战略．学习与探索，2012 (9)：93 – 98.

[56] Steven L, Goldman, et al, Agile Competitors and Virtual Organizations Hardcover, Van Nostrand Reinhold, 1st edition, 1995. 1.

[57] Zuehlke D. Smart Factory—Towards a factory – of – things. Annual Re-

views in Control, 2010, 34 (1): 129 – 138.

[58] X. W. Xu and Q. He. Striving for a total integration of CAD, CAPP, CAM and CNC. Robotics and Computer – Integration Manufacturing, volume 20, Issue, April 2004.

[59] 徐容平. 模具的发展以及智能制造的实现. 技术与市场, 2017 (24): 283 – 284.

[60] 周兰菊, 曹晔. 智能制造背景下高职制造业创新人才培养实践与探索. 职教论坛, 2016 (22): 64 – 68.

[61] Wang S, Wan J, Li D, et al. Implementing smart factory of industry 4.0: an outlook. International Journal of Distributed Sensor Networks, 2016.

[62] 姜大源. 德国 "双元制" 职业教育再解读. 中国职业技术教育, 2013 (33): 5 – 14.

[63] 张伟. 论德国双元制教育模式对培养高技术技能人才的启示. 南阳理工学院学报, 2016 (9): 58 – 61.

[64] 赵志群王炜波. 德国职业教育设计导向的教育思想研究. 中国职业技术教育, 2006 (32): 62 – 64.

[65] 石伟平. 英国能力本位的职业教育与培训. 外国教育资料, 1997 (2): 52 – 59.

[66] 何彦. 英国学校本位职业教育师资培训模式及启示. 教育理论与实践, 2016 (24): 30 – 31.

[67] 邵艾群, 英国职业核心能力开发及对我国职业教育的启示. 成都: 四川师范大学, 2009 (4): 22.

[68] 黄日强, 赵函. 能力本位: 澳大利亚 TAFE 学院职教的重要特征. 职教论坛, 2008 (12): 57 – 60.

[69] 张凤琪. 澳大利亚职教发展及启示. 教育与职业, 2011 (1): 98 – 99.

[70] 茅千里, 朱尧平, 陆鲸. 澳大利亚职业教育发展的角色及其启示. 开封教育学院学报, 2015 (4): 162 – 164.

[71] 陈解放．基于中国国情的工学结合人才培养模式实施路径选择．中国高教研究，2007（7）：52 - 54.

[72] 赵志群．职业教育工学结合课程的两个基本特征．教育与职业，2007（30）：18 - 20.

[73] 陆冰．特殊高职人才培养模式探析．职教论坛，2012（2）：69 - 72.

[74] 赵希田，常永青．基于社会需求的高职人才培养模式分析．职教论坛，2009（7）：44 - 45.

[75] 徐晓飞，王宽全，童志祥．为两化融合分类培养创新人才的探索．计算机教育，2010（15）：40 - 46.

[76] 黄明，梁旭，董长宏，林莉，基于"两化融合"的复合型软件人才培养模式探索．辽宁师范大学学报（社会科学版）2010（1）：70 - 73.

[77] 肖姣娣．高职创业教育与专业教育融合人才培养模式的实践探索．中国职业技术教育，2014（9）：87 - 91.

[78] 林玉恒，李晶．基于"生产性创业"高职技术技能型人才培养实践．职业技术教育，2014（29）：13 - 15.

[79] 加里·盖茨，《概念界定》．重庆：重庆大学出版社，2014：4.

[80] 张俪华，林良彪，臣洪德等，DMC2016 倾力打造模具智能制造与创新融合大平台．模具工，2016（01）：7 - 10.

[81] 刘云柏．互联网思维下的智能制造构成和应用与意义．电子产品可靠性与环境试验．2015（6）：1 - 5.

[82] 杨叔子，吴波．先进制造技术及其发展趋势．机械工程学报，2003（10）：73 - 78.

[83] 熊有伦．智能制造．科技导报，2013（10）：3.

[84] 左世全．智能制造的中国特色之路．中国工业评论，2015（04）：48 - 55.

[85] 卢秉恒．智能制造：摆脱装备"形似神不似"．中国战略新兴产业，2015（10）：54 - 56.

[86] 罗祯，王维涛，李晓耘．模具的发展与智能制造的实现．金属加工

（冷加工），2015（02）：24 – 25.

[87] 工业和信息化部、财政部，《智能制造发展规划（2016 – 2020 年）》，2016.12.8.

[88] 肖坤，卢红学.高职技术技能型人才培养模式研究.教育与职业，2013（05）：118 – 119.

[89] 徐国庆.智能化时代职业教育人才培养模式的根本转型.教育研究，2016（3）：72 – 78.

[90] 肖凤翔.高等职业教育知识型技能人才培养目标的确定——企业生产组织方式变革的视角.江苏高教，2014（6）：143 – 146.

[91] 翁伟斌.论工业4.0时代高职教育教学改革.江苏高教，2017（5）：90 – 94.

[92] 邵建东，徐珍珍.现代职教体系下高职师资队伍建设的诉求、问题与路径.中国高教研究，2016（03）：101 – 103.

[93] 袁年英.高职学生职业能力培养策略研究.高等职业教育（天津职业大学学报），2017（06）：69 – 72.

[94] 孟凡生，赵刚.传统制造向智能制造发展影响因素研究.科技进步与对策，2018（01）：66 – 72.

[95] 王天然，库涛，朱云龙等.智能制造空间.信息与控制，2017（06）：641 – 645.

[96] 周佳军，姚锡凡，刘敏等.几种新兴智能制造模式研究评述.计算机集成制造系统，2017（03）：624 – 639.

[97] 幺开宇，幺炳唐.智能化制造技术和智能化工厂.金属加工，2013（7）：29 – 31.

[98] 张明建.基于CPS的智能制造系统功能架构研究.宁德师范学院学报（自然科学版），2016（02）：138 – 142.

[99] 黄南霞，谢辉，王学东.大数据环境下的网络协同创新平台及其应用研究.现代情报，2013（10）：75 – 79.

[100] Shani, AB（Rami），Sena J. Information Technology and Integration of

Change：Sociotechnical System Approach. The Journal of Applied Behavioral Science，2004，15（4）：77 –82.

［101］Choy K L，LFE W B，et al. Design of an intelligent supplier relationship management system for new product development. International journal of computer integrated manufacturing，2004，17（8）：692 –715.

［102］丁军妹，张天瑞，于天彪，王宛山．基于云计算的网络化协同技术服务任务列队与指派研究．组合机床与自动化加工技术，2013（07）：135 –140.

［103］陈劲，阳银娟．协同创新的理论基础与内涵．科学学研究，2012（02）：161 –164.

［104］詹姆斯·马奇．马奇论管理．东方出版社，2010.

［105］路甬祥，陈鹰．人机一体化系统与技术——21 世纪机械科学的重要发展方向．机械工程学报，1994，30（5）：1 –7.

［106］江济良，屠大维．智能空间助老助残服务机器人人机协作导航．智能系统学报，2014（10）：560 –568.

［107］杨灿军，陈鹰，路甬祥．人机一体化智能系统理论及应用研究探索．机械工程学报，2000（6）：42 –47.

［108］杨平，廖宁波，丁建平．数字化制造概论．北京：国防工业出版社，2005：69.

［109］Richard van Noort. The future of dental devices is digital. Dental Materials，Volume 28，Issue 1，January 2012，Pages 3 –12.

［110］阮雪榆，赵震．模具的数字化制造技术．中国机械工程，2008，2

［111］冯消冰，刘文龙，都东．可视化技术在智能制造中的作用．制造技术与机床，2016（06）：43 –50.

［112］［德］奥拓·布劳克曼著，张潇，郁汲译．智能制造——未来工业模式和业态的颠覆与重构．机械工业出版社，2015：41.

［113］姜开宇，陈坤等．基于层次分析决策的模具企业外协系统的研究．模具技术，2005（3）：59 –63.

[114] 张平，周军军，黄艳丽等．面向中小模具企业的网络化协同制造系统及实现．现代制造工程，2006（10）：140－143.

[115] 李捷，王汝传．基于 WEB 平台的分布式网络管理模型的研究与实现．计算机工程与应用，2003（36）：134－137.

[116] 陶永，王田苗，李秋实等．基于"互联网＋"的制造业生命周期设计、制造、服务一体化．科技导报，2016（34）：45－49.

[117] 易开刚，孙漪．民营制造企业"低端锁定"突破机理与路径——基于智能制造视角．科技进步与对策，2014（3）：73－78.

[118] 蒋建科，李秋荣，杭慧喆．3D 打印第三次工业革命的重大标志．新湘评论，2013（3）：3.

[119] 王雪莹．3D 打印技术及其产业发展的前景预见．创新科技．2012（12）：14－15.

[120] 杜宝瑞．航空智能工厂的基本特征与框架体系．航空制造技术，2015（08）：27－32.

[121] 周可，陈超强．个体激励与团队激励的比较．企业管理，2014（10）：5－6.

[122] 陈华．西方课程史的研究路径及内涵探析．全球教育展望，2012（4）：10－15.

[123] 李和平，肖根福．模具技术现状与发展趋势综述．井冈山学院学报，2009（2）：46－49.

[124] Wohlers T. Wohlers Report 2000：Rapid Prototyping & Tooling － State of the Industry，Annual Worldwide Progress Report. Colorado：Wohlers Associates，Inc.，2009：41－52.

[125] 曾薇子．模具数字化制造技术分析．中国设备工程，2017（10）：98－99.

[126] 齐健.PTC：物联网技术落地，拉动智能制造转型．智能制造，2016（08）：12－13.

[127] 施巍松，孙辉，曹杰，张权，刘伟．边缘计算：万物互联时代新型

计算模型.计算机研究与发展,2017(05):907-924.

[128] 柴天佑,李少远,王宏.网络信息模式下复杂工业过程建模与控制.自动化学报,2013(05):469-470.

[129] 柴天佑.工业过程控制系统研究现状与发展方向.中国科学:信息科学,2016(08):1003-1015.

[130] 张引,陈敏,廖小飞.大数据应用的现状与展望.计算机研究与发展,2013(S2):216-233.

[131] 蔡泽寰,赵劲松,耿保荃,涂家海.智能制造来袭,谁能从容笑对.中国教育报,2015(12):10.

[132] 冯丽,何艳成,闫廷维.京津冀协同发展背景下高职教师教育能力建设探析.河北旅游职业学院学报,2016(3):77-82.

[133] 韩宇.20世纪90年代以来德国职业学校教师教育政策变迁研究.浙江师范大学,2016.

[134] David·McClelland. Testing for Competency Rather Than Intelligence. American Psychology,1973,28(1):12-14.

[135] Spencer L·M, Spencer S·M. Competence at Work:Models for supervisor Performance. New York:John Wiley&Sons, Inc,1993:95.

[136] 朱建柳.高职院校专业教师职业能力模型建构及其应用.华东师范大学博士论文,2016.9.

[137] 刘芳.基于胜任力视角的职业经理人的素质评价解析.商场现代化,2013(6):22-24.

[138] 刘桂香,顾健.特尔非法在课程标准设计中的应用.江苏经贸职业技术学院学报,2012(06):71-73.

[139] 徐国庆.新职业主义时代职业知识的存在范式.职教论坛,2013(21):4-11.

[140] De Vries, M. J. (2003). The Nature of Technological Knowledge:Extending Empirically in Formed Studies into What Engineers Know. Journal of the Society for Philosophy and Technology, Vol. 6, No. 3.

[141] Lynch, R. L. (2000). High School Career and Technical Education for the First Decade of the Twenty – first Century. Journal of Vocational Education Research, 25 (2), 155 – 198.

[142] Benson, C. S. (1997). New Vocationalism in the United States：Potential Problems and Outlook. Economics of Education Review, 16 (3), 201 – 212.

[143] 杨理连. 高职教育质量管理：内涵审视、体系构建及其评价. 中国高教研究, 2015 (06)：99 – 102.

[144] 中华人民共和国教育部编. 普通高等学校高等职业教育（专科）专业目录及专业简介（2015）. 北京：中央广播电视大学出版社, 2016：362.

[145] Graduate Attributes and Professional Competencies, 21 June 2013. http：//www. ie agreements. org/IEA – Grad – Attr – Prof – Competencies. Pdf.

[146] 徐坚. 成果导向教育对建设我国高职院校质量保障体系的启示. 职教论坛, 2017 (18)：11 – 18.

[147] 唐正玲, 刘文华, 郑琼鸽. 《悉尼协议》认证标准及其对我国高职专业教学标准的启示. 职业技术教育, 2017 (04)：75 – 79.

[148] 徐斌. 创新型工程人才本科课程体系的构建研究. 天津大学博士论文, 2010. 11.

[149] 厦门大学《应用多元统计分析》第 10 章 http：//www. docin. com – 2012

[150] 陈庆合. 能力本位教育的四大理论支柱. 职教论坛, 2014 (12)：8 – 15.

[151] 秦永杰. 基于核心能力的临床医学专业学位硕士课程体系构建研究. 第三军医大学博士学位论文, 2012. 5.

[152] 宋生涛. 少数民族地区学校多元文化校本课程评价的内涵、特征与取向. 当代教育与文化, 2018 (01)：95 – 99.

[153] 李其龙. 范例教学论述评. 外国教育研究, 1986 (4)：15 – 24.

[154] 谭卫泽. 高职教师职业化对课程教学的影响. 大众科技, 2012 (10)：179 – 180.

[155] 周静. 工业4.0背景下技术技能人才需求分析及培养路径探析. 工业技术与职业教育, 2016 (06)：19 – 21.

[156] 约翰. S. 布鲁伯克著, 吴元训议. 教育问题史. 合肥：安徽教育出版社, 1991：291.

[157] 陈亚琴. 从系统论角度看高校课程体系的优化. 系统辩证学学报, 2002 (7)：92 – 93.

[158] 余虹. 鱼骨图分析法在节能评估中的应用. 华中科技大学硕士论文, 2010. 04

[159] 刘永清, 鲁守荣, 岳睿. 鱼骨图分析法在基于问题教学中的应用. 中国教育技术装备, 2016 (10)：77 – 79.

[160] 张立伟, 张庆久, 鄂文. 北美"能力本位教育"模式与我国高等教育的比较研究. 黑龙江高教研究, 1999 (6)：109 – 110.

[161] Klafki, W. (2000). Didaktik Analysis as the Core of Preparation of Instruction. In Ian Westbury, Stefan Hopmann and Kurt Riquarts (eds.) Teaching as a Reflective Practice：the German Dadaktik Tradition, Mahwah, New Jersey：Lawrence Erlbaurn Associates. p. 144.

[162] 拉尔夫·泰勒著, 施良方译. 课程与教学的基本原理. 北京：人民教育出版社, 1994：85.

[163] 王秀华. 研究性教学课程评价调查研究. 中国大学教学, 2015, (08)：69 – 72.

[164] [美] 埃利奥特·W. 埃斯纳. 教育想象——学校课程设计与评价. 李雁冰译. 北京：教育科学出版社, 2008.

[165] Bruce W. Tuckman. Evaluating Instructional Programs (2nd Ed.)

[166] 李雁冰. 课程评价论. 上海：上海教育出版社, 2004.

[167] 施良方. 课程理论——课程的基础、原理与问题. 北京：教育科学出版社, 1996.

[168] 靳玉乐, 于泽元. 后现代主义课程理论. 北京：人民教育出版社, 2005.

[169] 马良军. 高等职业教育专业实践课程评价研究. 天津大学博士论文，2014.5.

[170] 陈玉琨，沈玉顺. 课程改革与课程评价. 北京：教育科学出版社，2001：137.

[171] 唐青才，朱德全. 试论课程评价模式的价值取向. 大学研究与评价，2007，(7)：45.

[172] 蒋丽静. 课程评价模式的价值取向分析. 广州广播电视大学学报，2005，(2)：42.

[173] 吴晖. 我国高职院校实践类课程评价研究. 安徽体育科技，2017，(06)：89 – 91.

[174] 吴永军. 课程社会学. 南京师范大学出版社，1999.

[175] 刘佩佩. 几种典型课程评价模式探析. 湖北第二师范学院学报，2011，(28)：117 – 119.

[176] 斯塔费尔比姆著，陈玉琨，赵忠建译. 方案评价的 CIPP 模式，见瞿葆奎，教育学文集？教育评价. 北京：人民教育出版社，1989：301.

[177] 朱迅德，叶德云，王建新，李国晓. 高职教育课程评价研究综述. 广东水利电力职业技术学院学报，2013，(03)：59 – 61.

[178] 钟启泉，张华. 世界课程改革趋势研究. 北京：北京师范大学出版社，2002：219.

[179] Ornstein, A. C. &Hunkins, F. P. Curriculum：Foundations, Principles, and Issues (4th Ed.).

[180] 孙孝花. 高职"职业能力"与"课程体系"对接研究. 河南商业高等专科学校学报，2014，(4)：115 – 117.

[181] 王召鹏，徐通泉，周巧军. 工业 4.0 背景下实训基地建设模式的探索. 实验技术与管理，2015，(12)：222 – 224.

[182] 吕佑龙，张洁. 基于大数据的智慧工厂技术框架. 计算机集成制造系统，2016，(11)：2691 – 2697.

[183] 杨刚. 创客教育双螺旋模型构建. 现代远程教育研究，2016，(01)：

62 – 68.

[184] 赵志群著. 职业教育工学一体化课程开发指南. 北京：清华大学出版社，2016.12.

[185] 周兰菊，顾青. 高职实训基地建设模式的探索与研究. 中国职业技术教育，2013，(14)：26 – 28.

[186] Michael D. Santoro. Success breeds success：the linkage between relationship intensity and tangible outcomes in industry – university collaborative ventures. The Journal of High Technology Management Research，11 (2)，2000，255 – 273.

[187] 陈星，张学敏. 依附中超越：应用型高校深化产教融合改革探索. 清华大学教育研究，2017 (1)：46 – 56.

[188] 王功. 基于企业新型学徒制的产教融合实训基地建设研究与实践. 职业，2018 (06)：91 – 92.

附 录

附录1 智能制造视域下高职模具专业职业
能力调查表（第一轮）

尊敬的女士/先生：

您好！本调查问卷是对智能制造视域下高职模具专业的职业能力进行调研，希望您能协助我们完成此项工作，本调查问卷信息仅供研究所用，所有个人信息会保密，非常感谢您的大力支持和合作！谢谢！

1. 在模具智能制造企业项目管理中，您认为高职生应具备哪些能力？

□客户管理　□电子订单管理　□项目主计划管理　□外协管理　□刀具管理

其他_____

2. 您认为高职生在智能模具设计与开发过程中应具备的能力：

□撰写设计文档　　□全三维产品设计　□CAM 程式设计　　□模块化组件设计

其他_____

3. 您认为在模具智能制造企业高职生应具备哪些制程工艺能力？

□CAE 仿真分析　　□CAPP 制程工艺

其他_____　_____

4. 您认为高职生应具备哪些编程能力？

□CNC 编程　□CMM 检测编程　□工业机器人编程　□AUTOCAM 仿真

其他＿＿＿＿＿＿＿＿＿＿＿＿＿＿＿＿＿＿＿＿＿＿

5. 您认为在模具智能生产中，高职生应掌握哪些现代工具的应用？

□新一代信息技术的使用　□五轴加工中心　□3D 打印　□工业机器人控制　□GF 加工方案

其他＿＿＿＿＿＿＿＿＿＿＿＿＿＿＿＿＿＿　＿＿＿＿＿＿

6. 您认为在模具智能检测中，高职生应具备哪些能力？

□设备监控能力　□工业数据分析能力　□品质检测能力

其他＿＿＿＿＿＿＿＿＿＿＿＿＿＿＿＿＿＿＿＿＿＿

7. 您认为在模具智能服务中，高职生应具备哪些能力？

□模具远程监控能力　□再制造能力　□技术服务

其他＿＿＿＿＿＿＿＿＿＿＿＿＿＿＿＿＿＿＿＿＿＿

8. 您认为高职生应掌握哪些社会知识？

□了解国家层面的方针、政策、发展战略 □遵守社会、健康、安全、法律等方面的方针、政策　□能意识到应承担的保护社会环境的责任

其他＿＿＿＿＿＿＿＿＿＿＿＿＿＿＿＿＿＿＿＿＿＿

9. 您认为高职生应具备哪些道德？

□职业道德　□遵纪守法，诚实守信　□工匠精神　□履行责任　□遵守企业项目标准化流程

其他＿＿＿＿＿＿＿＿＿＿＿＿＿＿＿＿＿＿＿＿＿＿

10. 您认为个人和团队工作在模具智能制造企业应发挥怎样的相互作用？

□协同合作　□云端共享　□团队精神　□全局意识

其他＿＿＿＿＿＿＿＿＿＿＿＿＿＿＿＿＿＿＿＿＿＿

11. 您认为高职生应具备哪些沟通交流能力？

□能够与业界同行沟通交流　□能够清晰表达研究或设计的具体思路、方案、措施等　□至少掌握一门外语

其他＿＿＿＿＿＿＿＿＿＿＿＿＿＿＿＿＿＿＿＿＿＿

12. 您认为对高职生应具备什么样的终身学习能力？

□能根据企业技术发展主动学习新技术　□具有适应社会发展的能力，能不断进行学习　□具备利用网络资源进行自我学习的能力

其他＿＿＿＿＿＿＿＿＿＿＿＿＿＿＿＿＿＿＿＿＿＿

附录2 智能制造视域下高职模具专业职业能力
调查表（第二轮）

尊敬的女士/先生：

您好！本调查表是对智能制造视域下高职模具专业的职业能力进行调研，希望您能协助我们完成此项工作，本调查问卷信息仅供研究所用，所有个人信息会保密，非常感谢您的大力支持和合作！谢谢！

序号	职业能力构成要素	同意	不同意
1	客户管理能力		
2	电子订单管理能力		
3	项目主计划管理能力		
4	外协管理能力		
5	撰写设计文档能力		
6	全三维产品设计能力		
7	数控线切割编程能力		
8	模块化组件设计能力		
9	模具 CAE 仿真分析能力		
10	模具 CAPP 制程工艺能力		
11	CNC 编程能力		
12	CMM 检测编程能力		
13	工业机器人编程能力		
14	AUTOCAM 仿真能力		
15	CNC 操作能力		
16	3D 打印技术能力		
17	工业机器人控制能力		
18	设备监控能力		
19	工业数据分析能力		
20	品质检测能力		

序号	职业能力构成要素	同意	不同意
21	模具远程监控能力		
22	再制造能力		
23	技术服务能力		
24	遵守社会、健康、安全、法律等方面的方针、政策		
25	能意识到应承担的保护社会环境的责任		
26	职业道德		
27	遵纪守法，诚实守信		
28	工匠精神		
29	遵守企业项目标准化流程		
30	协同合作		
31	团队精神		
32	全局意识		
33	能够与业界同行沟通交流		
34	能够清晰表达研究或设计的具体思路、方案、措施等		
35	至少掌握一门外语		
36	具有岗位学习能力		
37	具有适应社会发展的学习能力		

其他建议：_____

_____

附录3　智能制造视域下高职模具专业职业能力
指标体系调查问卷

尊敬的女士/先生：

　　您好！本调查问卷是对智能制造视域下高职模具专业的职业能力进行验证，希望您能协助我们完成此项工作，本调查问卷信息仅供研究所用，所有个人信息会保密，非常感谢您的大力支持和合作！请您对重要性勾选您认可的数字。

（1＝一点都不重要；2＝比较不重要；3＝一般；4＝比较重要；5＝非常重要。）

表1 高职模具专业职业能力二级指标调查表

一级指标	二级指标	评价尺度				
		1	2	3	4	5
专业能力	1. 模具智能设计能力					
	2. 智能模具加工能力					
	3. 智能制造技术的综合应用能力					
	4. 智能软件应用能力					
	5. 模具项目管理能力					
方法能力	6. 自我学习能力					
	7. 沟通交流能力					
社会能力	8. 职业素养					
	9. 社会责任感					
	10. 遵守法律法规					

您对智能制造视域下高职模具专业职业能力构建的其他建议：

_____

_____

表2 高职模具专业职业能力三级指标调查表

二级指标	三级指标	评价尺度				
		1	2	3	4	5
模具智能设计能力	全三维产品设计能力					
	模块化组件设计能力					
	您的建议：					

续表

二级指标	三级指标	评价尺度				
		1	2	3	4	5
2. 智能模具加工能力	数控五轴加工中心操作能力					
	工业数据分析能力					
	CNC 编程能力					
	数控线切割编程能力					
	CMM 检测编程能力					
	您的建议:					
3. 智能制造技术的综合应用能力	AUTOCAM 仿真能力					
	3D 打印技术能力					
	工业机器人控制能力					
	设备监控能力					
	模具再制造服务能力					
	模具远程监控能力					
	您的建议:					
4. 智能软件应用能力	模具 CAE 分析能力					
	模具 CAPP 制程工艺能力					
	CMM 品质检测能力					
	您的建议:					
5. 模具项目管理能力	电子订单管理能力					
	项目主计划管理能力					
	外协管理能力					
	客户管理能力					
	您的建议:					
6. 自我学习的能力	具备岗位学习能力					
	具有适应社会发展的学习能力					
	您的建议:					
7. 遵守法律法规	遵守社会、健康、安全、法律等方面的方针、政策					
	您的建议:					

二级指标	三级指标	评价尺度				
		1	2	3	4	5
8. 职业道德	良好的职业素养					
	团队合作精神与全局意识					
	您的建议：					
9. 社会责任感	工匠精神与创新精神					
	您的建议：					
10. 沟通交流能力	能够清晰表达研究或设计的具体思路、方案、措施等					
	外语应用能力					
	您的建议：					

附录 4　课程体系与职业能力的对接关系矩阵

职业能力指标 \ 职业能力	1-1	1-2	1-3	2-1	2-2	2-3	2-4	2-5	3-1	3-2	3-3	3-4	3-5	4-1	4-2	4-3	5-1	5-2	5-3	5-4	6-1	6-2	6-3	7-1	8-1	8-2	9-1	9-2	10-1	10-2	10-3
思想道德修养与法律基础																								H							H
毛泽东思想和中国特色社会主义理论体系概论																									H						H
形势与政策																								H	H						H
实用英语																							H						H		
计算机应用基础		H	H																												
高等数学	H																														
机械制图		M	H	M					H			M																			
心理健康教育	H																												H	H	
金属材料及热处理				M						M	H																				
电气控制技术	H	H																													
公差配合与技术测量	H		M		H	H			M																						
液压与气压技术							M																								
模具CAD实用教程									H		H	H			M						H	H									
模具设计										H					M																
数控编程与操作									H		M	M																			
模具制造技术					H			H	H	H	H	H	M		H		H	H	H												
3D打印技术与应用						M							M		H																
模具制造工艺				M											H																
模具CAE														M		M															
数字化制造技术															H																
基于典型工作任务的课程情境实践																	H	H	H	H											
快速成型技术																				H											
模具CAPP实用教程									H	M	H	H			H		H	H	H												
智能生产计划管理														H			H	H	H	H											
模具CAM实用教程					H				H						H																
职业规划																						H									
创新创业教育		M																								H					
人际关系与沟通技巧				H																					H				H	H	
创新设计方法																											H				
数据分析技术			H		H		M						H			H												H			
嵌入式系统与应用技术							M									H														H	
三维打印增材制造技术																													H		

注：H 表示高度相关；M 表示中度相关。

附录 5 《模具制造技术》课程评测指标制定依据

能力指标	评测指标	考察点	占比%	优 100~90%	良 89~80%	中 79~70%	及格 69~60%	不及格 59~0%
模具设计与制造专业知识	掌握模具设计与制造所需专业技术和工程基础知识的基本概念和基本理论	考查模具制造技术的基础知识和基本理论等	20	基本知识和基本理论掌握扎实,成绩突出。	基本知识和基本理论掌握好,成绩好。	基本知识和基本理论掌握较好,成绩较好。	基本知识和基本理论掌握一般,成绩一般。	没有掌握基本知识和基本理论,成绩较差。
		考查听课质量,以实例加工实际情况回答问题	30	回答问题正确,能够很好地掌握基本理论知识。	回答问题正确,能够掌握基本理论知识。	回答问题正确,能够较好地掌握基本理论知识。	回答问题基本正确,掌握基本理论知识一般。	回答问题不正确,没有掌握基本理论知识。

221

续表

能力指标	评测指标	考察点	占比%	优 100~90%	良 89~80%	中 79~70%	及格 69~60%	不及格 59~0%
CMM品质检测能力	掌握模具零部件的制造精度及检验能力	考查是否能看懂零件图结构,考查对模型细节及工艺构造分析结果。	20	能看懂零件图结构,对模型工艺分析结果正确	能看懂零件图结构,对模型工艺分析结果较正确	不能全部看懂件图结构,对模型工艺分析结果不完全正确。	不能全部看懂件图结构,对模型工艺分析结果不正确。	不能看懂零件图结构,对模型工艺分析结果不正确。
		考查实物制作、检验精度效果以及预测结果的吻合度等	20	有结果结比吻合度好。	有结果结比吻合度较好。	有结果结比吻合度一般。	有结果结比吻合度较差。	没结果结比。
模具再制造服务能力	能积极解决客户问题	考查个人能力	5	个人能力强	个人能力较强	个人能力一般	个人能力弱	个人能力极弱
		考查解决问题的能力,有效实现任务能力	5	解决问题能力强,实现工作任务。	解决问题能力较强,能有效实现工作任务。	解决问题能力一般,实现工作任务一般。	解决问题能力弱,不能有效实现工作任务。	解决问题能力没有,不能有效实现工作任务。
合　计			100					

222

附录6 《模具制造技术》课程评价指标的确定

一、《模具制造技术》理论课程能力考核与考题的对照关系

序号	能力	指标点	一				二		三	四	五		六		合计
			1	2	3	4	1	2	1	1	1	2	1	2	
			7	9	4	10	8	9	15	10	5	10	8	5	100
1	能够制定模具零件加工的工艺路线、加工余量、模具装配工艺等进行表述和解释;	工艺路线及加工余量				★									25
		对模具装配工艺等进行表述和解释							★						
2	能够根据数控加工的特点,分析模具零件的结构特点,制定合理的加工方案,编写加工程序;	数控加工指令及加工工艺基础知识	★								★		★		57
		数控铣床编程			★		★								
		加工中心编程								★		★		★	

续表

序号	能力	指标点	一				二		三	四	五		六		合计
			1	2	3	4	1	2	1	1	1	2	1	2	
			7	9	4	10	9	8	15	10	5	10	8	5	100
3	能够依据加工设备的特点，完成其基础知识的理解。	普通机床加工基础知识		★											18
		特种加工基础知识					★								

二、《模具制造技术》实验课程能力评测标准的制定

序号	能力	考察点	占比%	优 100~90%	良 89~80%	中 79~70%	及格 69~60%	不及格 59~0%
1	能够依据模具制造技术特点，分析模具结构形式，制定合理的加工方案，并通过掌握的加工参数；	熟悉模具制造加工的设备，掌握加工设备的规格，适用特点，掌握主要的加工参数涵义；	30	能够很好地了解和掌握模具制造加工的设备，掌握加工的规格，适用范围，特点、掌握主要加工参数涵义；	能够较好了解和掌握模具制造加工设备，掌握加工设备的规格，适用范围，特点，掌握主要加工参数涵义；	能够基本了解和掌握模具制造加工设备，掌握加工设备的规格，适用范围，掌握主要加工参数涵义；	能够一般地了解和掌握模具制造加工的设备，掌握设备的规格，适用范围，掌握主要加工参数涵义；	不能够了解和掌握模具制造加工的设备，设备的规格、适用范围，掌握主要加工参数涵义；
2	能够通过对加工设备的操作，使学生掌握设备操作方法，培养学生实践动手能力，了解设备运行状态及运行原理，培养学生根据制定合理方案的能力，并能够对数据进行分析以得出结论；	掌握设备运行状态及运行原理，培养学生的能力，并能够对数据进行分析以得出结论；	60	能够很好地掌握成形设备操作方法、设备运行状态及运行原理，或制定测试方案的测试数据对数据进行分析以得出结论；实践动手能力较强。	能够较好地掌握成形设备操作方法，设备运行状态及运行原理，或制定基本需求合理方案并进行分析以得出结论；实践动手能力较好。	能够基本掌握加工设备操作方法、设备运行状态及运行原理，或能根据需求制定测试数据进行分析以得出结论；具有一定的实践动手能力。	能够一般掌握加工设备操作方法，态及运行原理，或能根据需求制定测试数据并对数据进行分析以得出结论；具有一定的实践动手能力。	不能够掌握加工设备操作方法，运行状态及运行原理，或不能根据需求对数据合理的测试方案进行分析以得出结论；实践动手能力较差。
	考查个人能力及协调工作能力，有效实现工作任务能力		10	个人能力及协调能力强，有效实现工作任务。	个人能力及协调能力较强，能有效实现工作任务。	个人能力及协调能力一般，实现工作任务一般。	个人能力及协调能力弱，不能有效实现工作任务。	个人能力及协调能力没有，不能有效实现工作任务。
合计			100					

三、《模具制造技术》教学培养环节及权重（%）

序号	课程目标	课程考试	平时表现	实验考核	合计
1	能够理解工艺文件编制的内容与编制方法及过程，能对典型模具轴套类零件、板块类零件、成形类零件的加工工艺编制；	18			18
2	掌握冲模及注射模的装配方法及装配工艺和检验方法；			15	15
3	依据各项目项目课程设置过程设置项目课程要求，组织学生完成各项目模具零件的制造和模具装配，培养学生实践动手能力			15	15
4	掌握模具零件的机械加工、数控加工、特种加工的基本知识，并能根据不同的零件结构和特点选择合适的加工方案；	42			42
5	模具制造现场生产及管理方面的职业素养。		10		10
合计		60	10	30	100

附录7 《模具制造技术》课程目标达成度评价表

学时：__70__ 学分：__5__ 考核方式：__考试__ 任课教师：__周兰菊__ 授课班级：__模具S14-1__ 抽样人数：46人

学籍号	姓名	1、能够理解工艺文件编制的内容与程，能对典型模具轴套类零件、板块类零件、成形类零件的加工工艺编制；(18%)		2、掌握冲模及注射模的装配方法及装配工艺和检验方法；(15%)		3、依据模具零件的制造过程要求及设置项目课程，组织学生完成各项目模具零件的制造和模具装配，培养学生实践动手能力（15%）		4、掌握模具零件的机械加工、数控加工、特种加工的基本知识，并能根据不同的零件结构和特点选择合适的加工方案（42%）		5、模具制造现场生产及管理方面的职业素养（10%）		成绩（100）
20140102001	许保	15	0.833	12	0.8	13	0.867	37	0.88	9	0.9	86
20140102002	郭猛	11	0.611	13	0.867	10	0.667	34	0.81	9	0.9	77
20140102003	葛伟	17	0.944	13	0.867	10.5	0.7	35	0.833	8.5	0.85	84
20140102004	焦启明	13	0.722	12	0.8	12	0.8	37	0.88	8.5	0.85	82.5
20140102005	杨文龙	14	0.778	12	0.8	12	0.8	31	0.738	7	0.7	76

续表

学籍号	姓名	1、能够理解工艺文件编写的内容与过程，能对典型模具套板块类零件、成形类零件的加工工艺编制；(18%)		2、掌握冲模及注射模的装配方法及装配工艺和检验方法；(15%)		3、依据模具零件的制造过程要求，组织完成各项目零件的制造，培养学生实践动手能力(15%)		4、掌握模具零件的数控机械加工，特种加工的基本知识，并能根据不同的零件结构和特点选择合适的加工方案(42%)		5、模具制造现场生产及管理方面的职业素养(10%)		成绩(100)
201401020006	王盛巧	12	0.667	10.5	0.7	13	0.867	32	0.762	7	0.7	74.5
201401020007	陈恋恋	10	0.556	12	0.8	11	0.733	31	0.738	7	0.7	71
201401020008	宋雪峰	11	0.611	14	0.933	12	0.8	33	0.786	7.5	0.75	77.5
201401020009	余露	12	0.667	10.5	0.7	10	0.667	38	0.905	9	0.9	79.5
201401020010	姜嘉良	16	0.889	14	0.933	13	0.867	36	0.857	9	0.9	88
201401020011	宋有袁	9	0.5	12	0.8	12	0.8	37	0.88	8.5	0.85	78.5
201401020012	刘勇	7	0.389	12	0.8	11	0.733	37	0.88	9.5	0.95	76.5
201401020013	王鹏	11	0.611	10.5	0.7	12	0.8	36	0.857	8	0.8	77.5
201401020014	张明亮	12	0.667	10.5	0.7	11	0.733	37	0.88	9	0.9	79.5
201401020015	王瑞峰	11	0.611	12	0.8	10	0.667	35	0.833	8	0.8	76
201401020016	关庆超	15	0.833	12	0.8	14	0.933	37	0.88	9	0.9	87
201401020017	牛亮亮	9	0.5	10.5	0.7	11	0.733	31	0.738	7	0.7	68.5

续表

学籍号	姓名	1、能够理解工艺文件编制的内容及能够编制方法及过程，能对典型零件、成型套类零件、板块类零件、轴类零件的加工形状类零件的加工工艺编制；(18%)		2、掌握冲模及注射模的装配工艺及装配方法；能和检验方法；(15%)		3、依据模具零件的制造和模具装配过程要求，组织各项目课程项目零件实践学生模具零件制造和模具装配，培养学生实践动手能力(15%)		4、掌握模具零件的机械加工、数控加工、特种加工的基本知识，并能根据不同结构和特点零件选择合适的加工方案(42%)		5、模具制造现场生产及管理方面的职业素养(10%)		成绩(100)
201401020018	陈晓飞	10.5	0.583	11	0.733	11	0.733	34	0.81	7.5	0.75	74
201401020019	段成龙	9	0.5	13	0.867	10.5	0.7	33	0.786	7.5	0.75	73
201401020020	刘佳瑞	10	0.556	10.5	0.7	10	0.667	30	0.714	7	0.7	67.5
201401020021	许润涛	12	0.667	12	0.8	12	0.8	39	0.929	9	0.9	84
201401020022	贝建旺	11	0.611	10	0.667	12	0.8	39	0.929	9	0.9	81
201401020023	刘帅	10.5	0.583	10	0.667	12	0.8	40	0.952	9	0.9	81.5
201401020024	郭皓兴	12	0.677	10	0.667	12	0.8	38	0.905	9	0.9	81
201401020025	李俊鹏	10.5	0.583	11	0.733	10	0.667	36	0.857	8	0.8	75.5
201401020026	王兴	12	0.677	10	0.667	11	0.733	35	0.833	8	0.8	76
201401020027	高博文	12	0.677	13	0.867	11	0.733	36	0.857	9	0.9	81
201401020028	张涛涛	10.5	0.583	14	0.933	10	0.667	37	0.88	9	0.9	80.5
201401020029	孙嘉炜	9	0.5	11	0.733	10	0.667	37	0.88	9	0.9	76

续表

学籍号	姓名	1、能够理解工艺文件编制的内容及过程,能编制方法及模具典型零件,能对轴套类零件、板块类零件、成形类零件的加工工艺编制;(18%)		2、掌握冲模及注射模的装配工艺和装配方法及装配工艺和检验方法;(15%)		3、依据模具零件的制造过程要求,配置程要求,各项目课程组织学生模具零件和模具装配,和模具制造的培养学生实践动手能力(15%)		4、掌握模具零件的机械加工、特种加工的基本知识,并能根据不同的零件结构和特点选择合适的加工方案(42%)		5、模具制造现场生产及管理方面的职业素养(10%)		成绩(100)
20140102030	韩玉明	12	0.677	12	0.8	12	0.8	37	0.88	9	0.9	82
20140102031	刘城灼	10.5	0.583	13	0.867	13	0.867	39	0.929	9.5	0.95	85
20140102032	刘璞庆	10	0.556	11	0.733	11	0.733	36	0.857	9	0.9	77
20140102033	蒙继新	6	0.333	11	0.733	14	0.933	36	0.857	9	0.9	76
20140102034	付建波	9.5	0.516	12	0.8	14	0.933	35	0.833	8	0.8	78.5
20140102035	冯顺	10.5	0.583	12	0.8	9	0.6	31	0.738	8	0.8	70.5
20140102036	苏昊	13	0.722	12	0.8	11	0.733	35	0.833	8.5	0.85	79.5
20140102037	许娅丽	12	0.677	13	0.867	12	0.8	40	0.952	9	0.9	86
20140102038	谢慧梅	8	0.444	12	0.8	9	0.6	37	0.88	9	0.9	75
20140102039	路恋中	12	0.677	11	0.733	11	0.733	37	0.88	8	0.8	79
20140102040	鲁雪龙	12	0.677	10	0.667	12	0.8	38	0.905	9	0.9	81
20140102041	李佳钰	10.5	0.583	11	0.733	11	0.733	34	0.81	7.5	0.75	74

续表

学籍号	姓名	1、能够理解工艺文件编制的内容与方法及对典型模具零件、能对轴套类零件、板块类零件、成形类零件的加工工艺编制；(18%)		2、掌握冲模及注射模的装配方法及装配工艺和检验方法；(15%)		3、依据模具零件的配合制造过程和模具装配要求完成各项目课学生模具零件和模具制造的装配，培养学生实践动手能力 (15%)		4、掌握模具零件的机械加工、特种加工，数控加工的基本知识，并能根据不同的零件结构和特点选择合适的加工方案 (42%)		5、模具制造现场生产及管理方面的职业素养 (10%)		成绩 (100)
20140102042	舒欣	12	0.677	10	0.667	12	0.8	38	0.905	9	0.9	81
20140102043	张颖	9	0.5	11	0.733	10	0.667	37	0.88	9	0.9	76
20140102044	赵延敏	16	0.889	14	0.933	13	0.867	36	0.857	9	0.9	88
20140102045	程俊岭	11	0.611	14	0.933	12	0.8	33	0.786	7.5	0.75	77.5
20140102046	石杰	12	0.667	10.5	0.7	10	0.667	38	0.905	9	0.9	79.5
平均值		11.3	0.63	11.685	0.779	11.41	0.761	34.935	0.851	8.446	0.823	78.61

附录 8 课程评价的持续改进表

学时： 70　学分：　5　考核方式：考试　任课教师：周兰菊　授课班级：模具S14－1　抽样人数：　46 人

课程目标	达成度	持续改进措施
1. 能够理解工艺文件编制的内容与编制方法及过程，能对典型模具轴套类零件、板块类零件、成形类零件的加工工艺编制；	0.63	分析：反映出学生对基础知识的理解和综合运用能力尚有欠缺，缺乏工程经验。改进措施：课堂授课学时中增加用于解决工程问题的案例，并考虑在课程项目实施中引入该项课程目标的培养内容。
2. 掌握冲模及注射模的装配方法及装配工艺和检验方法；	0.779	分析：本项能力达成度一般，反映出学生在装配方法的确定和装配工艺能力的不足。改进措施：增加课堂授课学时中案例讲解的比重，注重课程实践项目的引导。
3. 依据模具零件的制造和模具装配过程设置项目课程要求，组织学生完成各项目模具零件的制造和模具装配，培养学生实践动手能力；	0761	分析：本项能力达成度一般，反映出学生实际动手能力不足。改进措施：需增加课时不断加强学生的动手操作。

续表

课程目标	达成度	持续改进措施
4. 掌握模具零件的机械加工、数控加工、特种加工的基本知识，并能根据零件结构和特点选择合适的加工方案；	0. 851	分析：本项能力达成度良好，反映出学生的工方案的应用场合和选择合适的加工方案，且反映出学生已具有加工因素的意识，能分析现代加工工具的基本知识掌握较好。 改进措施：保持现状，可考虑适当增加难度，提高要求。
5. 模具制造现场生产及管理方面的职业素养。	0. 823	分析：本项能力达成度良好，表明学生具有生产及管理意识。 改进措施：保持现状，可考虑适当提高要求。

233

后 记

本书是在我博士论文《智能制造视域下高职模具专业人才培养研究》的基础上，经过进一步修改、补充而成。

当我博士论文最终完稿时，内心感慨万千！2013年9月我以四十岁高龄踏入天津职业技术师范大学读博时，非常感谢母校在我不惑之年给我这样一个机会！读博期间，在进退得失中经过了长期的思考和博弈，我最终选择了坚持和舍得。

我的两位校内导师是天津职业技术师范大学机械工程学院院长蔡玉俊教授和职业教育教师研究院院长曹晔教授。两位导师严谨求实、精益求精的治学作风、敏捷的思维能力、深刻的洞察力和渊博的知识令我敬佩！值此博士论文及书稿完成之际，谨向尊敬的两位校内导师致以最崇高的敬意和最衷心地感谢！

我的两位校外导师是天津电子信息职业技术学院院长吴家礼研究员和天津市天锻压力机有限公司李森高工。吴家礼院长是我单位的领导，读博期间给予了大力的支持和帮助。两位导师博学广识、谦逊和善的待人之道将使我受益终身！值此博士论文及书稿完成之际，谨向尊敬的两位校外导师致以最衷心地感谢！

衷心感谢校级领导、研究生处的领导和老师们的帮助与支持！

衷心感谢职教学院副院长杨大伟教授、赵文平副教授以及机械工程学院教师赵楠博士，在本书写作过程中给予的指导和帮助！

衷心感谢在研究过程中聘请的模具企业界专家和参与问卷调查的各位朋友，对于他们抽出宝贵时间而给予的支持与合作表示深深地敬意。

234

　　在本书的写作过程中，我们参考了大量国内外的相关研究成果，从中得到了许多启示和帮助，在此对这些成果的完成者表示由衷地感谢，特别是向那些可能因为疏忽而未被注明的作者深表歉意。

　　衷心感谢我的父母、丈夫和儿子对我的理解和支持！

　　最后，衷心感谢所有关心和帮助我的领导、老师、同事、同学和朋友们！

周兰菊

2018 年 8 月